機器學習入門

從玻爾茲曼機械學習到深度學習

- 本書設計：オフィス sawa
- 插畫：サワダサワコ

看到孩子的成長後，總是不禁問自己：「他們到底是怎麼理解事物的呢？」雖然可一言以蔽之地以「就是從反覆的失敗與嘗試之中學習知識，再理解事物」的答案來回答這個問題，但是若能了解「那麼這些知識又是什麼知識？」，那麼說不定就能讓電腦獲得與人類相同的智能吧？

實現這個夢想的技術就是近年來蔚為流行的機器學習。這是一種透過反覆嘗試與失敗，學習社會規則的技術，那麼到底是以何種方式學習這世上的事情呢？

機器學習正處於不斷演化的階段，而本書則打算介紹其中的玻爾茲曼機械學習與深度學習（Deep Learning）。

所謂的玻爾茲曼機械學習是欣賞各種圖片，記憶世上風景的技術。即使是有點模糊或部分被遮住的圖片，人類也能立刻了解圖片的內容。這是因為人類能斟酌過去的經驗與現在的狀況，了解圖片的內容，現在已經能讓電腦搭載這種技術了。應用這種基本技術的就是玻爾茲曼機械學習，也就是在電腦打造眼睛與腦部記憶的構造。

深度學習則是在這項技術加上腦部判斷能力，讓電腦根據周遭的情況做出這個是這樣，那個是之前看過的那個的判斷技術。大家是不是覺得，這個技術很厲害呢？

這些技術或許可實現超乎現在想像的「人工智慧」，而全世界也正籠罩著如此興奮的感覺。讓全世界驚豔的電腦技術之一，就是 Deep Mind 開發的 Alpha Go 吧！大家應該都知道這條透過最新的機器學習技術，讓電

腦在圍棋的世界大勝人類的新聞吧。現在真的是很不得了的時代，但是這項技術的真面目到底是什麼？現在應該有很多人對此抱著興趣吧。

那麼就一起閱讀機器學習的書籍吧！抱著這個想法進入書店，應該就會看到不少的書。而且在這個時代，只要上網搜尋一下，大概就能得到不少知識。接觸這些資訊之後，一定會有不少人感到挫折，因為這些資訊充滿了一堆看起來很難的公式，這些公式到底是幹嘛用的？到底是怎麼讓電腦獲得智能的？對於只是想知道這些事情的人來說，要理解這些資訊的確難度很高。

因此本書將試著以「沒有公式」的「故事」從「機器學習為何」開始講解，也將介紹造成轟動的深度學習以及為深度學習的草創時期帶來進化曙光的玻爾茲曼機械學習。我希望把本書寫成誰都能輕鬆理解的內容，讓大家覺得這本書前所未有的簡單！

所以本書適合對機器學習有興趣的上班族閱讀，也適合準備開始新興趣的人閱讀。即使是準備安排退休生活的高齡人士，應該也會覺得本書有趣才對。我試著把本書寫成適合與父母親一起進行自由研究的小學、國中題材，我也認為閱讀到故事的尾聲時，將可培育出開拓機器學習未來的人材。如果本書能成為敲開全人類機器學習時代大門的敲門磚，那將是作者的萬般榮幸。

大關　真之

目 錄

第 1 章 什麼都不懂的鏡子

第 2 章 美麗的祕訣

第 3 章　挑戰最佳化問題

第 4 章　挑戰深度學習

第5章 預測未來

第6章 映出美麗的鏡子

第 7 章　只找出臉部的美麗度

第1章

什麼都不懂的鏡子

皇后與魔鏡

「魔鏡啊魔鏡，誰是這世界上最漂亮的女人？」

這是「白雪公主」裡，很有名的一段情節。

也就是皇后一直以為自己是全世界最美麗的女人，但在白雪公主長大後，得知白雪公主才是全世界最美麗的女人的魔鏡，不小心將這個事實告訴皇后，導致皇后非常不開心的故事。

讓我們一起想想要怎麼打造這個魔鏡吧，例如把鏡子換成螢幕，然後在螢幕上面安裝鏡頭。在螢幕顯示鏡頭拍到的畫面，就等於讓螢幕搭載鏡子的基本功能。如果想換個心情，還能顯示世界各地的風景。這可不是什麼魔法，而是科學的力量。

接著再於鏡子安裝電腦吧。假設這個電腦具有機器學習演算法的功能，會有什麼結果？

機器學習，也就宛如現代魔法的技術是本書的主角，而魔鏡則搭載了這項技術。故事將從魔鏡與皇后的相遇開始。

「魔鏡啊魔鏡，誰是這世上最美麗的女人？」

「呃……美麗是什麼意思啊？」

「你、你居然會說話？」

「呃…其實我會說話啦，最近有強制升級啊。哎唷，這是我的事情，妳不用管那麼多啦」。

你居然會說話啊？

「既然是這樣的話，就像以前照出我的臉啊！我不是全世界最美麗的女人嗎？讓我像以前一樣幸福嘛」

「好啦好啦，就趁這個機會打好關係吧。那妳要先告訴我，什麼叫做美麗啊？」

「這口氣怎麼好像有點臭屁，算了，不跟你計較。美麗就是像我長得這樣漂亮可愛喲」

「這麼抽象的形容我聽不懂啦，能夠轉換成淺顯易懂的數據嗎？皇后到底有幾分美麗啊？」

「那當然是滿分的美麗啊」

「我的問題不是這個啦，我是新來的，所以不太懂美麗這個詞彙的意思喲」

「美麗就是皮膚很漂亮，髮型像這樣可愛，然後一舉一動都很完美。對了，還有很適合穿禮服這點…」

「啊啊，就是這個這個！我要的就是這個答案，雖然是所謂的特徵值，但為了量化美麗，請妳告訴我該注意什麼地方才對」

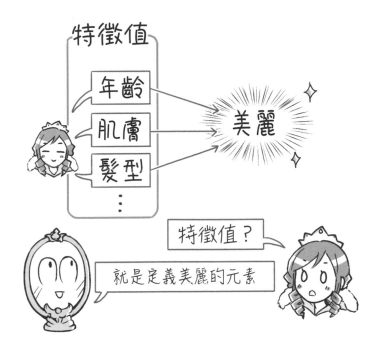

「眼睛的大小、年輕、小臉的感覺⋯都是可以注意的地方」

「我就說我不懂什麼感覺了。所謂的年輕可利用年齡這種數值代表吧？請妳告訴我那個數值吧」

「連年齡也問？真是不懂禮貌的鏡子耶！」

「不是不是啦，不說謊是我的座右銘，所以我只是想基於事實，好好地回答妳」

「也是啦，你的確是照出真實情況的鏡子」

「是這樣嗎？眼睛的大小也請轉換成數值喲」

「就算你這麼說，我也不知道該怎麼轉換成數值啊」

「那我就更不懂了啊，這樣我就不知道什麼叫做美麗了喲」

「了解這些數值後，你會怎麼計算美麗啊？」

「計算的部分就交給我吧。我會為妳示範我這套機器學習的新系統有多麼強」。

「機器？學習？」

1-2 試著機械學習

「不是那麼困難的事情啦。機械學習可根據這世界上所有的資訊，推測未來或前所未有的結果」

「咦，好厲害！所以也能知道明天的天氣？我明天想出門一下耶」

「可以喲，最近有很多新發展的技術，連天氣預報也變得準確了」

「快、快預測一下！」

「哎呀，等一下等一下啦。你要先告訴我什麼是美麗啊」

「我都差點忘了這件事。我就是美麗的化身啊！你看，我如此青春茂盛，巧目明眸」

「我要聽的不是這種形容啦，首先請把所有的形容轉換成我聽得懂的數值。例如，這裡面最容易了解的特徵值就是年齡」

「要用數字說的話，這的確是最簡單的」

「那年齡高的比較美麗，還是不美麗？」

「嗯……，應該是年齡高的比較不美麗吧」

「那畫成這樣的函數對嗎？」

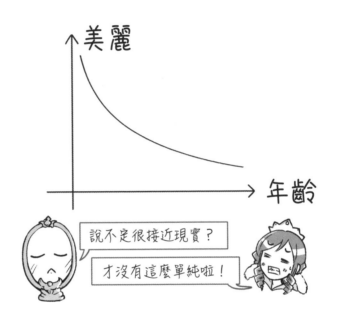

「鏘鏘！感覺突然得面對現實…」

「沒這麼單純吧？除了年齡之外，還有那個什麼？眼睛的大小？」

「對啊對啊，不過你會知道年齡比較有影響，還是眼睛的大小比較有影響嗎？想知道哪邊有影響的應該是我才對」

「我就是希望妳告訴我這個」

「我要是知道這個的話，就不用那麼大費周章了！」

「啊，如果不是這樣的話，這世界上有美麗的人吧？這裡講的就是她的年齡與眼睛的大小喲」

「蛤，是這樣嗎？」

「是啊，是這樣。如果能了解這類特徵值與實際的美麗有什麼關聯，然後再將這種關聯轉換成數字就好了，不過還是請妳告訴我這個關聯，因為我對這世界一無所知，請妳告訴我」

「既然什麼都不知道，你為什麼一直照出我的臉？」

「因為我不了解外面的世界，所以只能先照出眼前的人啊」

「怎麼這樣……我好受傷啊～～～」

機械學習是什麼？

時至今日，**機械學習**這個字眼也變得很常出現在新聞裡了。

從「機械會學習」這個字眼可聯想到機械學習與人工智慧有關，所以這股風潮也變得更加盛行。姑且不論這個風潮的現況，到底什麼是「機械會學習」呢？這裡所說的機械並非機器人，而是指機器人內部的電腦。人類會對電腦說：

這世上有這樣的規則，
請把這個規則學起來。

而教導的方法就是電腦程式。提到程式，或許不是那麼容易想像，不過請把程式想成一種由人類所寫，但電腦看得懂的指令書，電腦會根據這份指令書觀察世界以及取得相關的資料，然後學習這世界的規則，而這個流程就稱為機械學習，也就是機械會學習的意思。

學會這些規則的電腦就會進入下一個任務，也就是利用學習結果預測這世界上的動向，以及在每件新事物出現時，判斷是否與之前的事物相同。

舉例來說，機械學習已頻繁地於天氣預報或地震預測應用，而且也正在研究能否根據過去的臨床經驗，代替醫生診斷疾病。未來也有可能參考過去的判例衡量犯罪者的犯行有多嚴重。

這本書介紹了機械學習的基礎運算，希望藉此讓大家更了解最近爆紅的**深度學習（Deep Learning）**的內容與意義。

 **1-3 根據資料學習**

「之後一定能奉上誰最美麗這個答案喲！快點告訴我，什麼樣的人最美麗？」

「那就是我啊！」

「這個答案不行啦，因為要了解皇后有多美，所以我一直想製作有關美麗的函數」

「以我當美麗的範本不行嗎？」

「不能用這麼主觀的說法啦。機械學習都是根據資料做出客觀的判斷。所以從現在開始，我要根據這世界上各種人的美麗，學習美麗與特徵值之間的關係。舉例來說，年齡與眼睛的大小跟美麗有多少關聯」

「看著我不就知道美麗與特徵值之間的關係了嗎？像我這樣的人就是美麗！」

「就告訴妳這是世界上只有皇后妳一個人的情況，所以當妳問這世界上最美麗的人是誰，我只能回答站在眼前的妳啊」

「為什麼我得被念啊……」

「所以其他人的情況也很重要。大量收集其他人的相關資訊與特徵值之後，這些收集的結果就稱為資料」

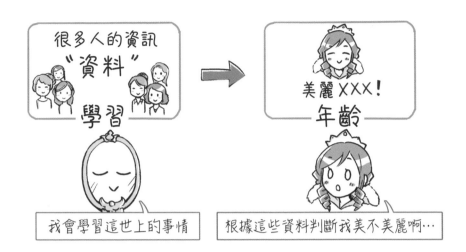

「意思是，看了我以外的人再判斷？」

「就是這個意思。先從客觀的角度了解這世界的事情，之後再判斷皇后到底美不美」

「聽起來還真是莫名恐怖」

「了解事實就是這麼一回事嘛。那麼，到底誰才是美人呢？」

「那麼，我就召集這世上被稱為美人的人吧」

「那就萬事拜託溜～」

於是，收集全國美人的資訊，也就是收集資料的全國性專案就此展開，除了收集年齡這項資訊，當然也收集眼睛的大小、肌膚的彈性以及其他的特徵值，接著再把這些特徵值轉換成數值，而這些代表美麗的數值也經過許多人民投票，轉換成分數了。

 「我到底美不美，直接問人民不是最快嗎？」

 「皇后有勇氣直接問嗎？」

機械的自主學習

機械學習可透過學習這個容易想像的字眼進一步了解。請想像成讓機械學習的樣子。

這裡指的機械是電腦，所以在電腦裡輸入各種**資料**就等於讓**電腦**學習。

簡單來說，就是讓電腦看大量的計算練習題，不斷地連續計算，這世界上有這種問題，這麼做就是解開問題，這等於是叫電腦模仿人類的解題方式。

不過聽到這裡，大家應該會有疑問吧？機械真的能了解這些計算方式嗎？其實它們並不了解。

感覺上就只是讓電腦看大量的問題與解答的模式，然後再從中找出法則或規則，最後順利得出解答而已。人類的學習也差不多是這種模式。如果被別人問到「為什麼加法會是這樣的加法？」大部分的人應該只能回答加法就是加法。

我們常常都是憑藉著經驗與結果接受既定的事物，然後再繼續向前進。而機械學習就是讓機械以這種模式學習。

如果對象是人類，當然就能更有效率地教導規則，而教導規則的過程就稱為教育，但是當對象換成機械，又該怎麼教才有效率呢？由於我們是人類，所以有必要找出能更有效率地教導機械的方法，而這個方法就是數學的公式，這或許也是大部分機械學習初學者覺得困擾的部分。

第2章

美麗的祕訣

士兵們的田野調查

魔鏡提出的不是答案，而是機械學習這項技術。

使用這項技術就能根據資料了解資料的規則以及隱藏的關聯性。

此時需要的是大量資料。

於是大量收集了全國美女的年齡、眼睛大小、肌膚彈性以及其他資料，然後再將資料提供給魔鏡。

接下來該怎麼使用這些資料找出規則呢？皇后可是滿心期待魔鏡的答案。

「我照你說的調查了全國美女的特徵值，然後再請人民投票擁有這些特徵值的人是不是美女。可是收集了大量的資料喲！」

「喔喔，這樣應該就能得出答案了。請先輸入這些資料吧」

「輸入資料？」

「對啊，要跟我說這些特徵值有多少個啊」

「就是告訴你這些資料吧？那我要開始囉。米萊優（假名）小姐的年齡為 24 歲，眼睛大小為 3，肌膚彈性為 452；希兒（假名）的年齡為 19 歲⋯」

「等、等一下！」

「幹嘛，我說得太快？」

「請把每個人的資料分開來說啦！」

「蛤？這樣啊，好啦，還真是麻煩耶」

「我會把現在的資料轉換成米萊優小姐的特徵向量 x，必須轉換成電腦看得懂的格式喲」

「咦，你會使用電腦？」

「說什麼會不會用，我就是電腦啦」

「你不是魔鏡嗎？」

「很煩耶，簡單來說就是魔鏡啦」

「向量聽起來是很難的名詞」

「也沒那麼難啦。你不是聽懂什麼是特徵值了嗎？統整年齡、眼睛大小、肌膚彈性這些數字之後的結果就稱為向量」

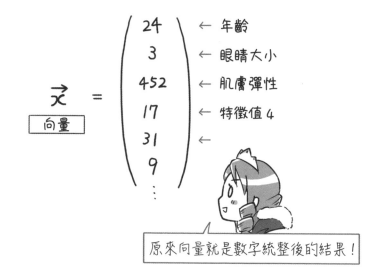

「啊，原本如此，說的就是米萊優小姐的向量啊」

「對啊，接下來是希兒小姐吧。接著寫希兒小姐的特徵值沒什麼意義喲，因為米萊優小姐的向量應該只有米萊優小姐的資料」

「我知道了，那接著是希兒小姐，呃、呃，接著是……，呼，總算是全部念完了，這就是所有的資料喲，真是累死人的作業」

「當然啊，一個人輸入當然會累得快往生，妳不是有一兩位僕人嗎？」

「這種事要早點說啊！」

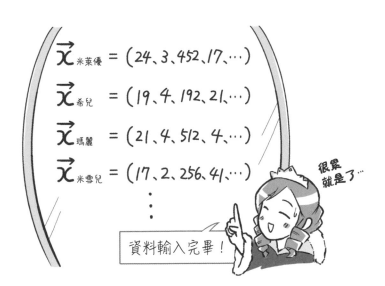

「總之有資料，就能完成妳想要的作業，所以誰來輸入都一樣。這麼說來，米萊優小姐美麗嗎？請告訴我這個輸出」

「輸出？我還以為已經可以得到答案了，你到底在說什麼啊？」

「聽好，我能做的就是這類的事。輸入特徵向量 **x** 時，會製作輸出美麗的函數」

「所以只要製作那個函數，就能輸出美麗嗎？也就是可以知道誰美麗了吧。可是該怎麼製作那個函數啊？不是不知道方法嗎？」

「所以才收集那麼多資料啊。我會先隨便做個函數，然後再依照資料微調，學習代表美麗的函數。這種透過資料學習不知道形狀與關聯性的函數稱為迴歸」。

數學的必要性

剛剛出現向量這個字眼，也出現了函數這個字眼。

有人擅長數學，也有人討厭數學，但為什麼那個人那麼擅長數學呢？有時候還真的會有這種羨慕的心態出現。

討厭數學的人會在搞不清楚到底現在是在學什麼數學，或是這些數學是幹嘛用的時候就一直學下去，結果就變得討厭數學。

長大成人之後再學，就比較知道為什麼要學，而且能依自己的節奏學，尤其是不得不學會時，更是有機會了解數學。因為只需要了解為什麼而學，然後尋找方法學習就好。

數字的排列稱為向量，而水平與垂直的方向都有數字排列時，就稱為陣列。在 Excel 這類試算表軟體使用的就是製作成陣列格式的資料。以熟悉的格式來看，應該比較容易想像吧。不過，若只是在試算表使用陣列，是無法完全活用陣列在數學上的最大價值的。

國中學的聯立方程式有很多被稱為未知數的文字與數值，而為了解開方程式，必須列出很多個方程式。這些看不懂的文字以及必要的方程式都很多對吧。

為了處理這些方程式而存在的就是陣列。大家是否還記得要解開方程式需要讓大量的公式變形與計算嗎？如果想到使用陣列的特性，只要計算一次就能解開方程式的話，大家會怎麼想？應該會很想知道陣列的計算方法吧？說不定還會想重新上學。

不過，已經不用再去上學了，因為現在已經是搜尋就知道一切的時代，而且目標與手段也變得很明確，所以能更有效率地學會數學。我深深地覺得，活在如此方便的時代，真的是人類的幸福。

2-2 挑戰迴歸問題

「不過有什麼現有的函數嗎？學習函數時，老師叫我們解決的問題，都會給我們函數，然後叫我們計算。微調函數是什麼意思？很難想像耶」

「其實出乎意料地簡單喲。假設這裡有這樣的資料」

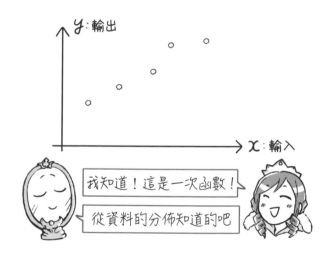

我知道！這是一次函數！

從資料的分佈知道的吧

「因為很像是直線，所以可用一次函數套用！」

「為什麼會看成直線？是因為看到資料的形狀吧？感覺有條線沿著資料的形狀路徑，然後想起代表線條的函數，所以說出一次函數吧」

「這樣不行嗎？」

「請再慢慢地想一下。試著在腦中繪製這條直線」

「直線直線…」

「這麼畫的話，直線與資料不符合啦。要符合資料，得要再傾斜一點」

「對喔，再斜一點比較合，而且還要調整一下位置」

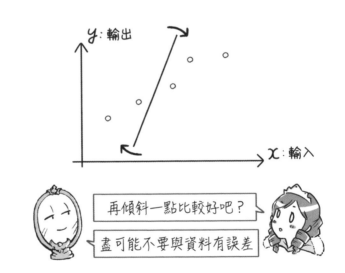

「對啊，要決定直線的形狀，必須指定傾斜度與直線的位置。決定直線形狀的這兩點稱為參數」

「參數？那現在我的腦袋裡，是在調整參數吧」

「答得真對。調整參數可以繪製各種直線」

「在學校學的是利用參數固定的函數計算。不過，現在的函數跟那種已經固定的函數不同，還不知道什麼函數才適合手中的資料」

「意思是跟常見的問題有很大的不同嗎？」

「對啊，在學校學的都是先有函數，然後練習輸入資料，與計算輸出值的題目，而這種題目稱為**順向問題**。相反的，先了解輸入與輸出的關係，然後找出與這個關係不會矛盾的函數稱為**逆向問題**」

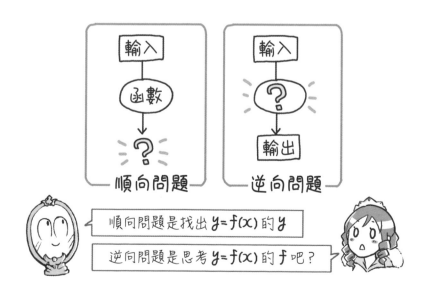

「聽到逆向問題，的確有種不可思議的感覺，因為函數一直給人輸入一些數字就進行計算的印象」

「函數充滿了可塑性，而這些可塑性可稱為表現力，調整參數可在這個表現力的範圍裡，盡可能讓函數與資料相符」

「現在的情況似乎直線是比較好的選擇。利用一次函數畫出符合資料的直線。參數有兩個，一個是斜率，另一個是決定直線位置的截距」

「斜率的話，直接就看得出意思，截距是指定直線位於哪裡的意思嗎？」

「是啊。截距是在繪製圖表時，要怎麼截斷座標軸的參數。截斷直軸的位置稱為 y 截距」

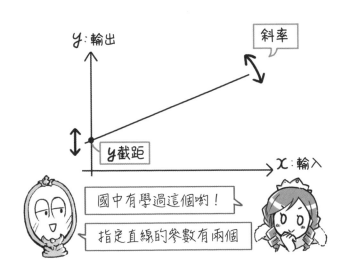

「這裡有兩個推桿，動了這個推桿，斜率與截距就會改變，所以請推動推桿，讓直線與資料慢慢吻合」

「嗯，再傾斜一點會比較吻合資料吧。嘿咻」

「請推到沒有誤差的狀況為止喲」

「接著是截距！下面一點比較好嗎？還是上面一點？啊，是這裡吧」

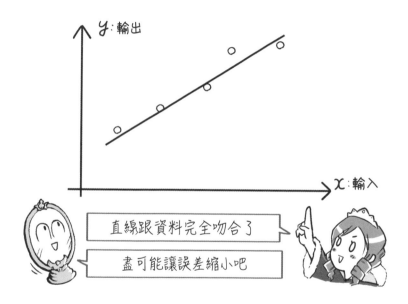

直線跟資料完全吻合了

盡可能讓誤差縮小吧

「現在已經幾乎沒有誤差了耶。大概就是這樣的感覺吧。這個就稱為迴歸直線」

「還是有一點點小誤差耶，沒關係嗎？」

「本來就不太會有完全沿著直線排列的資料喲。這就是所謂的誤差。也就是從有誤差的資料取得以多個參數表現的函數」

「原來如此。雖然腦海裡瞬間想到直線，但是仔細一想這只是理論上的結果。雖然還是有小小的誤差，但看起來還是像直線呢」

「對啊，機械學習的工作就是自動找出這類函數。人類雖然能一瞬間看出大概的結果，但是機械能根據資料找出非常精準的函數」

「不過，應該不會都是直線這種單純的資料吧。例如人類的美麗就沒那麼單純」

「嗯，的確是這樣，不過，基本方針是相同的。驅動組成函數的所有參數，然後從中找出最符合資料的函數，就能利用一個函數代表所有資料」

「好、好厲害啊，你這傢伙」

「妳總算知道我有多厲害了吧？讓電腦自動辨識藏在資料之中的規律與關聯性，然後預測後續的發展是目前正在進行的研究。電腦學習社會規則的模樣就稱為機械學習」

「因為機械會學習所以稱為機械學習。現在已經進入很厲害的時代了耶」

加法、減法、乘法、除法，這是誰都學過的四則運算。

不過大家真的敢說完全理解這些運算嗎？或許大家能完成運算，但真的能說已經了解這些運算嗎？即使能正確運算，但其實不了解這些運算的真正意義，只是學會了這些運算的規則而已。

機械學習所做的事就是了解輸入與輸出之間的關係，換言之就是判讀輸出入的關聯性。

這世上已經有這樣的規則，所以教電腦依樣畫胡蘆地模仿這些規則，然後試著根據這些規則輸入資料，結果就得到同樣的輸出結果。如果稍微調整規則，輸出的結果也會跟著改變。重複這個過程，就能得到不同的輸出結果。這跟小孩鬧著玩，結果玩出很多花樣是一樣的道理。

此時的父母親會跟小孩說：「這樣做才對喲」。做計算練習題的時候也是一樣。只要稍微算錯，就會被打叉，老師也會幫忙修正。總之就是一邊訂正，一邊複習，再進行微調。

機械學習做的事情跟這些完全一樣。目標是要解出所有問題的正確答案，所以不斷不斷地解同一個問題。為了讓輸出的結果與資料相符，不斷地調整參數。為了提高解題率，所以重複細部的調整。大家都持續相同的努力。

這種微調稱為**最佳化問題**。為了讓解題率與得分最大化以及算出所有題目的解答，所以不斷微調參數。發現機械學習其實跟大家一樣這點，是不是讓大家比較放心了呢？

2-3 代表美麗的函數

「讓我們回到正題吧。好像快找出定義美麗的函數了,接下來請告訴我輸出 y。以現在的情況來說,就是美麗的數值」

「你是怎麼學習大量特徵值排列而成的輸入向量 x 與代表美麗的輸出 y 之間的關係呢?」

「總之先建立模型」

「模、模型?」

「就是推測模型屬於哪種函數關係。換言之就是預先進行某種程度的猜測。例如推測是直線還是圓形的函數。現在有大概的預測了嗎?」

「要是我知道這個,就不用那麼辛苦了啦!你不是應該知道嗎?」

「就是不知道才要學習啊。妳不先試著推測看看嗎?」

「年齡、眼睛大小、肌膚彈性之間不是都互有關係嗎?」

「妳還真是奧客耶。那這樣的模型如何?」

「奧、奧客?」

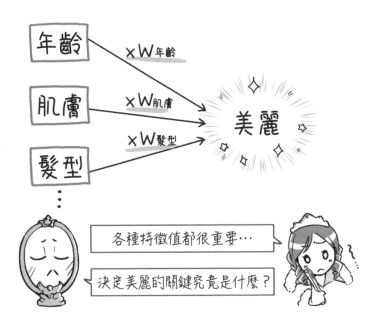

「這些特徵值的加總結果就是代表美麗的模型」

「進行加法時，好像還摻雜了乘法？」

「對啊對啊，這個叫做權重，請想成哪個重要，哪個比較不重要的意思」

「年齡很重要，肌膚的彈性也重要的意思？根本不知道哪個比較重要啊！」

「這個權重就是之後要學習的部分喲。一如讓直線吻合資料時一樣，改變權重也能讓函數配合資料。讓我們改變推桿的設定，讓函數吻合資料吧」

「只要再推動推桿就可以了吧？」

「不妨試著推動年齡的推桿」

「喔喔，美麗的數值改變了耶」

「現在推動年齡的推桿，意味著讓年齡的權重增加。換言之，就是使用重視年齡的函數」

「意思是，衡量美麗時，年齡是重要因素？」

「由於重視年齡這個因素，所以才能找到年齡越高越美麗的函數」

「總覺得有點怪怪的」

「這樣嗎？因為跟年輕比較美的經驗相反吧」

「我覺得不只是年齡」

「的確啦，不可否認還得考慮其他因素啦」

「啊！設定成這樣如何？調降年齡的權重！」

「調降就是不重視、不考慮的意思喲」

「蛤～只要調整相反的關係不就好了嗎？例如年齡上升，美麗度就下降。怎麼感覺越說越難過」

「請接受吧。那麼，調成負的如何？」

「也可以調成負的？聽起來不錯耶！只是還是讓人有點生氣」

「請拉起這個推桿，這時候就會變成負的了」

「話說回來，你是什麼時候準備這些推桿的啊…」

「後勤的人想說可能會用到，就先準備了喲」

「拉這些推桿，就會改變模型的輸出結果呢」

「對啊，就是這樣。因為現在正在尋找輸出結果與資料完全吻合的函數啊」

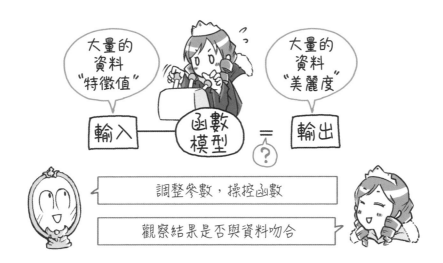

「也可以調整年齡以外的權重吧？」

「當然啊，因為我無法預設是什麼函數」

「突然覺得很有希望！那我要把我最自豪的眼睛大小調得重要一點！我想要設定成眼睛夠大就代表美麗，所以權重要設定為正值比較好」

「等一下。如果事前就具備這些知識，那麼這樣調就沒關係，唯獨不能以主觀的角度隨便調整數值喲，總之就是要依照資料調整」

「依照資料調整？」

「因為已經有這些難得的資料啊，所以要調整權重，讓輸出的數值與資料完全吻合啊」

「這樣啊，不能放入自己的成見啊？」

「如果只相信先入為主的成見或常識，那就靠著這些東西繼續活下去就好，但是，要了解新事物，就必須根據資料判讀，也等於要先放下成見」

「好、好啦，對不起啦。可是為什麼我要被說教？」

「妳看看，快把成見放下！接著是眼睛大小的調整吧？」

「我知道了啦，我要推動推桿囉。嗯～」

「怎麼了嗎？」

「我知道要讓資料與目前計算的美麗度吻合，但不知道吻合的程度有多少…」

「的確是這樣，所以讓我們建立能知道資料與模型的輸出結果有多少誤差的誤差函數吧」

「誤差函數？」

「說得簡單一點，就是代表資料與模型輸出結果之間的誤差的指標，目標就是要讓這個誤差函數盡可能縮小。以現在的情況來看，可在資料與模型輸出結果之間進行減法，然後再讓結果乘上平方，最後算出總和。這個結果稱為平方和喲」

	米萊優	希兒	瑪莉	米雪兒
資料	37	25	48	26
模型	28	31	43	32
誤差	9	-6	5	-6

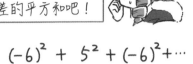

有多吻合完全看不出來

讓我們看看誤差的平方和吧！

誤差函數 $= 9^2 + (-6)^2 + 5^2 + (-6)^2 + \cdots$

「上標的 2 就是平方的意思吧。就是讓相同的東西相乘。可是為什麼要讓數值平方呢？」

「因為不管是正的還是負的，誤差就是誤差啊」

「好像是這樣耶。不管是正的還是負的，都是誤差，所以乘上平方後，正的還是正的，負的也會變成正的」

「對啊，所以乘上平方之後，比較方便當成誤差的參考值使用」

「也不一定非得是平方和吧？」

「誤差函數有很多種，可依著用途選擇。基本上會是平方和，但是要判斷美不美這類問題時，會使用另外的誤差函數」

「居然也能這樣選啊！我現在就想計算美麗度，讓我們在誤差函數平方和算算看吧」

「我會先監控這個誤差函數，所以請先推動推桿，讓代表誤差的誤差函數盡可能縮小」

「交給我吧！！！」

「順帶一提，透過這種符合現有資料以及讓誤差函數完全消失的過程，學習資料的輸出與輸入之間的關係，稱為**監督式學習**。實際上很難讓誤差函數完全消失，所以只能把目標訂為讓誤差函數最小化而已。也就是盡可能讓誤差消失的意思」

「監督式學習啊。原來如此，因為已經有正確的資料，所以讓結果與資料相符」

「就是這樣。另外還有非監督式學習」

「指的是沒有美麗度的數值，沒有正確解答的意思？」

「嗯，就是在沒有美麗度，沒有美麗度的數值這類沒有輸出值的情況下進行學習」

「那目的是什麼？如果不是找出美麗度的話」

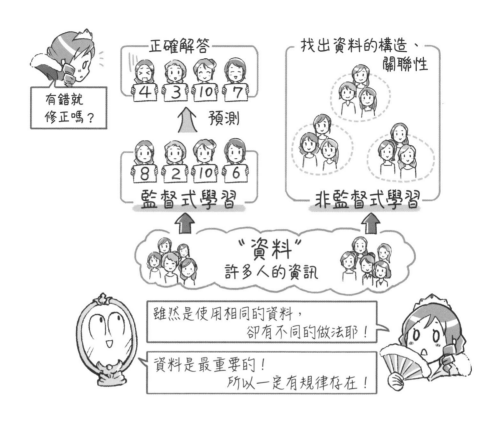

「以資料的構造、特徵、類似度、傾向分組，就是**群集**的一種。
這些群組裡的人們的共通之處或許會直接與美麗度相關，也或許
具有與其他輸出結果有關聯的重要特徵。這種群集可用於這類的
分析，或是事先讓資料以某種程度分組。這個概念非常重要喲，
有些事情得在分組之後才看得出來，例如有這類特徵的人是否長
期保養肌膚之類的資訊」

「那麼除了了解美不美麗之外，還有其他要做的事嗎？」

「就是珍惜資料。現在已經有美麗度的數值與正解，所以要進行監督式學習，找出代表美麗度的函數。盡可能讓模組函數的輸出結果與正確解答沒有誤差」

「那是因為一定有誤差嗎？可是沒辦法完全消除誤差也沒關係嗎？這不是不算正確解答嗎？」

「這都是因為不知道**真正的**模型啊」

「真正的模型？啊啊，剛剛的確說過『總之先建立模型吧』這種話？」

「對啊，現在只是先隨便調整權重以及加總而已，不是什麼重要的模型」

「那如果把模型做得更複雜如何？」

「理想是這樣啦，但是這樣要消除誤差就會變得很麻煩喲」

「的確，光是要把推桿推上推下就很難想像了」

「總之先就這個模型試試看。推動推桿，看看誤差函數會有什麼變化吧」

機械也有老師

　　讓我們回到計算練習題的例子吧。大部分的計算練習題除了有題目，後面也會附上解答。

　　除了題目之外，連解答也一併附上，然後看看有這些資料時，會產生什麼結果的這種邊教邊學習的過程，就稱為**監督式學習**。

　　另一方面，只揭露題目，不附上答案也是很棒的學習，因為可掌握這類問題的特徵。有這些資料，卻不說會發生什麼事，讓學生逕自觀察會有什麼結果的過程稱為**非監督式學習**。

　　其他還有很多像這種對比的例子。這個音樂是由誰做曲，這個音符的音階、節奏，是有這種名稱的特例，這種附上補充資訊，讓學生學習的情況就是監督式學習。讓學生持續聽音樂，然後找出其中的節奏或是音階，學習出現了哪些音符，就是所謂的非監督式學習。

　　監督式學習可讓該音樂具有哪種性質具體浮現，相對的，非監督式學習則是學習音樂這個概念。

　　小孩子一開始應該就是以非監督式學習的方式學習。觀察身邊的景色、世界的風景、聽到的聲音、味道，然後學習這一切的氛圍。雖然有些東西不太了解，但是學習這些不了解的東西是什麼，然後整理成記憶。

　　隨著慢慢地成長，就開始了解大人所說的話，或是開始讀書，理解這些東西是什麼東西，進行所謂的監督式學習。小孩子常常會瞬間長大，而其中似乎有所謂的學習祕訣。機械還是人類，其實都有所謂的學習祕訣。

第3章

挑戰最佳化問題

士兵們的休息時間

透過國家級的專案得到資料後，為了找出與資料不矛盾的美麗度模型，皇后不斷地調整模型裡的權重。

盡可能縮小資料的數值與根據模型計算的美麗度之間的誤差。這是一種使命。每次調整權重，都會使誤差改變，所以請找出最適當的權重，讓誤差盡可能縮小。

這就是稱為**最佳化問題**的課題，也是許多機械學習的基本課題。到底該怎麼解決這個課題呢？

「哈哈…哈哈…」

「還是很有誤差耶」

「可是啊……動了那個，這個就有誤差，動了這個，那個就有誤差，已經不知道該從哪裡開始了啦！」

「皇后，妳很沒用耶」

「你少囉嗦！為什麼非得這麼累不可啊」

「要解出最佳化問題，需要一些技巧喔」

「最佳化問題？就是縮小這個誤差的事吧？」

「對啊，就是請妳找出沒有誤差的最佳函數啊。為了縮小誤差，才努力縮小誤差函數。這個過程就稱為最佳化問題」

「那快告訴我解開最佳化問題的祕訣啦～」

「我看妳一臉開心地把推桿推上推下，我還以為妳玩得很開心咧」

「最好是啦，一點都不開心！！」

「首先啊，先一點一點地推動吧」

「一點一點？」

「一點一點推動，看誤差會不會縮小。這個就稱為**微分**喲」

「沒想到在學校學的微分可以用在這裡…」

「是啊，我們永遠不知道在學校學的東西，會在哪裡派上用場喲」

「把這個推桿往下拉一點點，誤差也跟著縮小耶」

「誤差縮小的話，代表移動這個推桿是猜對了，請再多移動一點」

「猜對？」

「對啊，目的是讓誤差縮小啊。往目的的方向前進所以是猜中啊。請試著把推桿往下拉」

「嗯嗯嗯。要往下拉多少？」

「拉到誤差沒辦法再降低為止！應該還可以稍微往下降吧？喔喔喔喔，差不多該停了！」

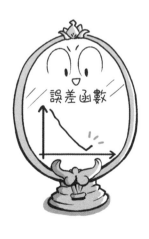

「會往下降的話，就讓它降到最低對吧」

「就是這樣沒錯，向這樣讓權重逐步往誤差縮小的方向移動，就稱為**坡度法**」

「這樣就結束了？」

「還有其他的推桿啊。其他的也動動看」

「這真的讓人很不耐煩耶。把這根推桿往下拉，誤差上升了耶」

「那如果往上推呢？誤差會上升嗎？」

「會下降耶。那這次可試著把這根推桿往上推吧？」

「對啊，就是這樣，這種稍微動一點點，看看會有什麼變化的方法稱為微分，我們就是要利用這個微分的結果，讓誤差降至最低」

「只要一直重複這個過程就好了嗎？」

「請把推桿推到誤差無法再下降為止」

「這樣嗎？誤差又繼續下降了耶。手感不錯！」

「接著移動這根推桿看看」

「利用微分的原理，將推桿往上下移動，看看哪邊會讓誤差下降！」

「對啊對啊，就是這個樣子。感覺不錯耶」

「整理之後，就是下面這種重複的單純作業吧？」

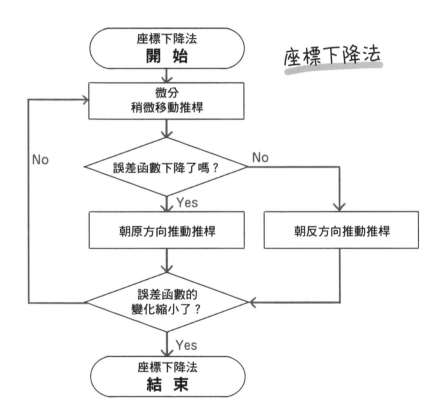

誰都能完成相同的事情了！

這就叫做演算法！

 「啊，真不錯。只要像這樣寫好指令表，就能讓僕人來做這些事了！」

 「的確，不一定非得我來做」

 「這個指令表就稱為**演算法**，這個演算法也叫做**座標下降法**喲」

 「演算法？」

 「就是先決定規則，然後只要依照規則進行，就能解決難題的東西，有點像是路標一樣。妳可以把這份指令表交給僕人喲」

 「那我可以自己想演算法，再把演算法教給僕人不就好了！」

 「就是這麼一回事。有效率的演算法都是耗費不少心力與時間開發出來的。只要能開發出優異的演算法，之後就只需要把這個演算法教給僕人們」

 「推動每根推桿真的很磨人，只要先知道該往哪個方向推動推桿，就能一次推動所有推桿」

 「沒錯，同時推動多個推桿，讓誤差縮至最小的方法稱為**梯度下降法**」

「這樣就需要很多位僕人幫忙了」

「如果能想出同時推動所有推桿的方法，就等於發出有效率的運算法。像這樣經過思考與實踐，就能做出優異的演算法。這次的演算法大概就是下面的流程」

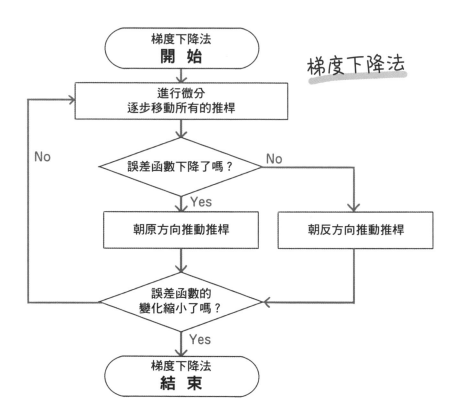

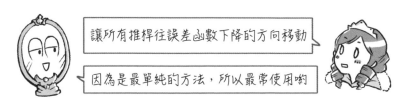

「因為有很多推桿，所以要讓很多位僕人一起推動推桿吧」

「對啊，感覺上就像是在下降。決定往某個方向下山的方法稱為座標下降法，決定朝最快下山的方向下山稱為梯度下降法」

「梯度下降法很流行，也是很常使用的方法。座標下降法在計算方法也很輕鬆，所以會在有很多資料的時候使用」

「真的有很多種演算法耶。而且適用的地方都不一樣」

「對啊，腦袋聰明的人開發演算法，然後再使用演算法是比較常見的情況。若是該演算法能解決許多人的問題，那可就很有價值囉。只要有那個演算法，就能確實解決那個問題」

「現在的演算法也很有價值？」

「當然，基本上是很重要的。不過也有缺點。我們現在是讓推桿動一點點，調查誤差是會上升還是下降，對吧？」

「這就是微分吧？」

「雖然是不斷推動推桿，直到誤差不會再下降，但是只要多動一點點，誤差有可能會上升或下降」

「咦咦咦咦咦咦～居然會有這種事？」

「當然會有啊。微分充其量就是在稍微有點變化時，調查誤差會有什麼變化，只能調查眼前的事，**太遠的事情是不知道的**」

「那豈不是不知道誤差是否下降到底部了嗎？」

「對啊，坡度法最多只能算出**極小值**。但這個極小值有可能不是最小值」

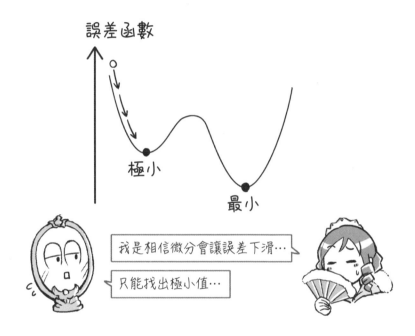

誤差函數

極小

最小

我是相信微分會讓誤差下滑…

只能找出極小值…

「沒有辦法解決嗎？」

「有些問題可以，得看演算法有多厲害了」

「這麼厲害！請快點教我那個演算法！」

「得花很多時間教，下次再教妳吧」

「咦，讓僕人來做不就好了！」

「不過，要教僕人的是皇后吧？你能了解那個演算法，再鉅細靡遺地教給僕人嗎？」

「呃…我沒有這個自信」

「只要使用演算法，每個人都能依照目的完成需要的作業。但是這樣只能使用學到的演算法。所以為了想到好點子，還是需要完整地了解演算法的精華，否則以後會越來越辛苦喔。所以這次先徹底解決眼前的問題再說吧」

「總之先利用梯度下降法這個演算法降低誤差吧！這樣就好！好的，我可以重新再問一次問題嗎？」

「呃，好、好啊，要問什麼？」

「誰是這世上最美麗的女人？」

「等、等一下，我才剛學會而已，還沒辦法付諸實用。讓我們測試一下吧」

「咦？測試？」

除了最佳化問題，達成某種目的的步驟稱為**演算法**。例如拿到拼圖時，該怎麼拼得完整的步驟也稱為演算法，不管是誰來執行，只要按圖索驥就能解開問題。

稍微調查一下就會知道，同一個問題會有多種演算法，而且每種演算法都有不同的特性。

計算量可算是演算法的特性之一。要拼好拼圖需要多少步驟這點就是計算量。如果計算量越低，就代表越能以簡單的步驟拼好拼圖。不過，執行這項演算法時，常常會出現許多需要在中途記憶或儲存的計算量以及記憶體使用量。

所謂的演算法不只是減少計算量，還需盡可能減少記憶體使用量以及記憶與記憶位置之間存取的次數，或是將計算簡化至每個人都能執行的地步。

回溯演算法的改良歷程可以學到不少東西。之所以需要改良，是因為演算法本身有問題，或是有需要解決的缺點。

了解缺點與解決方案之間的關係之後，若在使用其他演算法遇到問題，也能依照相同邏輯找出解決方案。學習演算法，了解前人的智慧，就能有效地學到突破眼前問題的方法。請大家有機會務必多了解演算法。

「除了剛剛輸入的資料之外，請提供我用於測試的測試資料」

「又要輸入一堆資料嗎？哎唷，好麻煩耶」

「如果覺得麻煩的話，就將之前輸入的資料分成訓練資料與測試資料吧」

「這兩個有什麼不一樣？不都是同樣的資料嗎？」

「這是為了避免作弊喲。使用訓練資料時，會透過學習了解**適當的函數**，而測試資料則是用於**測試**該函數**是否正確**。所以才需要替資料分組」

「把所有的資料都用於學習不就好了？」

「這樣也是可以啦，但是學習之後，說不定正式使用時，反而派不上用場」

「這個意思是從大量的訓練資料學到的函數不一定是絕對正確的，所以要避免這個問題發生？」

「與其說是避免，不如說是確認。將透過訓練資料學習的結果直接與測試資料比對，確認會不會有誤差」

「如果資料不同也能完美地預測，代表學習的過程很完美，如果有誤差的話，代表學習結果雖然與訓練資料相符，卻無法與測試資料相符」

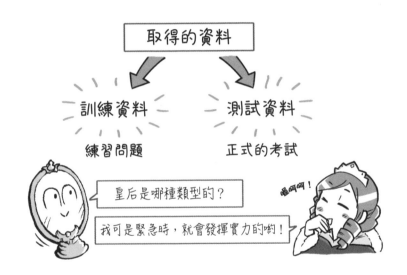

「這樣有什麼不行嗎？」

「這只能說模型不夠好」

「意思是隨便製作的函數不堪用？可是，如果能與訓練資料相符，應該算還堪用的函數吧？」

「從整體的資料來看，訓練資料充其量只是局部的資料。只符合部分的資料應該不能說是了解所有資料吧。說得偏激一點，就全世界誰最美的這個問題而言，這次只使用了這個國家的資料，所以無法驗證其他國家的人到底美不美對吧？」

「的、的確，那麼得快點從全世界收集資料才行！」

「如果透過現在的資料以及優良的模型學習，或許能夠衡量全世界的人的美麗。從部分評估全體的這項功能稱為**泛化能力**。花心思優化這個泛化能力正是機械學習的祕訣」。

「原來如此，所以不能只是與訓練資料相符對吧？」

「與訓練資料相符，卻不符合測試資料的情況稱為**過擬合**。簡單來說，就是完美地答出練習問題，卻搞砸正式的考試」

「感覺這個很不可靠啊…」

「總之現在先把資料分成訓練資料與測試資料，然後進行**交叉驗證**吧」

「這該怎麼做？」

「最流行的做法就是將資料分成數組，然後把其中一組當成測試資料，其餘的全部當成訓練資料使用。例如分成 4 組時，就是將其中 1 組當成測試資料，剩下的 3 組當成訓練資料」

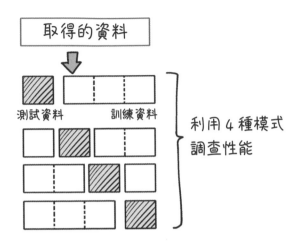

利用 4 種模式
調查性能

測試資料　　　訓練資料

 「結論就是訓練資料可用於學習，然後調查是否能利用測試資料完美預測對吧？」

 「就是這樣。一邊改變擔任測試資料的組別，一邊進行 4 次相同的測試。這可是很辛苦的喲，因為要調查這 4 次的測試是否都能完美預測。當然分組也可以分得更細喲」

 「如果無法完美預測測試資料，就代表失敗了嗎？」

 「對啊，如果之前輸入的資料本來就沒有關於美麗度的規律性，那當然無法完美預測測試資料。使用的模型不對也是失敗的原因」

 「還要取得資料很麻煩耶，換個模型算了！」

 「咦？妳是說真的嗎？」

 「換模型不是只換了函數嗎？這跟縮小誤差不是同一件事嗎？」

 「話是這麼說沒錯啦」

訓練資料與測試資料

　　機械學習的任務有兩種，第一步是匯入大量的資料，然後找出資料的規則。這個部分屬於學習過程。第二步是試著實踐學習成果，而這個部分相當於預測。

　　以剛剛計算練習題為例，經過多次的練習後，實際到了考場，應該會遇到類似的問題才對，所以可試著解出這類問題。

　　用於學習的資料稱為**訓練資料**，而在實踐時使用的資料稱為**測試資料**。計算練習題屬於訓練資料，考場的考題就是測試資料，而且還真的是一種測試。

　　練習題寫得好，結果實際到了考場卻考不好的例子偶爾也會發生。以寫計算練習題的情況為例，就算把所有練習的結果都背起來，只要正式考試出了別的題目，就無法正確地解答。

　　只是死記眼前的例子，是無法解決其他問題的，而這種情況就稱為**過擬合**，在機械學習的領域裡，是無論如何需要避免的問題，因為不能在正式上場時解不出問題，也不能缺乏靈活變通的能力。這是不是讓人覺得很親切呢？如果有讀者覺得自己也有相同的毛病，那麼不妨試著了解機械學習是如何解決這類問題，然後應用到自己身上。

　　機械學習的世界有許多為了避免過擬合的情況發生，而改變學習方式的技巧。

　　讀書時成績不錯，正式上場時，也能取得好成績這點跟人類社會一樣，機械學習的究極目的在於正式上場時取得好成績，以及不斷提升**泛化能力**。

「把模型做得更酷更難不就好了？對了，使用複雜的函數或是形狀不那麼單純的二次函數不就好了？」

「隨便決定使用複雜的函數，只會讓事情變得更複雜喲」

「那到底該怎麼做才好呢？」

「不是讓函數本身變得複雜，而是利用組合的方式變得複雜」

「組合的方式？」

「剛剛不是調整了幾個因素的權重嗎？」

「對啊，調整了年齡或是眼睛大小的權重，但還不知道哪些因素比較重要」

「建立好幾個這種結果，然後加上權重再加總」

「建立好幾個這種結果？」

「加上不同的權重再加總，結果不是會不同嗎？」

「會啊，啊，你的意思是，建立幾個改變了權重的情況，然後算出很多個結果嗎？」

「就是這個意思，這等於是建立**新的特徵值**」

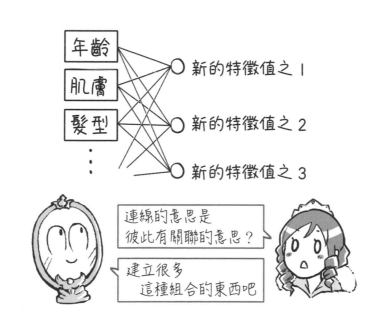

「特徵值就是年齡、眼睛大小這類與美麗度有關的因素吧」

「這種由人類決定的特徵值若是不做任何改變是沒辦法直接使用的，因為完全不知道這些特徵值的強度」

「所以才加上權重與加總嗎？」

「嗯，不過還不知道是否與美麗度有直接關係」

「這就是之前有關模型是否正確的討論吧？」

「沒錯沒錯。所以先從特徵值找出新的組合，建立新的特徵值，然後在新的特徵值加上權重以及加總，讓特徵值變得更複雜，就能求出所謂的美麗度」

「原來如此，像剛剛一樣推動推桿，就能知道這些因素與美麗度有什麼關係，所以建立更多更複雜的組合也沒問題！」

「相對的，就需要更多僕人來幫忙」

「只要有我在就沒問題啦！！」

「不過，在加上權重以及加總之後，還需要稍微調整一下」

「調整？」

「就算重複進行乘法與加法，也不會變得多複雜啊」

「真的嗎？我還以為經過多次的乘法與加法，就會變得更複雜」

「例如目前有兩個數值，一邊是年齡，另一邊是一直提到的眼睛大小」

「在這兩個數值加上權重，然後再進行加法」

「例如將年齡乘以 2 倍，再將眼睛大小乘以 3 倍，然後再加總？」

「有點難懂，讓我先抄起來」

「另一種則是將年齡乘以 3 倍，然後將眼睛大小乘以 2 倍再加總」

「然後再將這兩種組合起來吧」

「請直接加總看看」

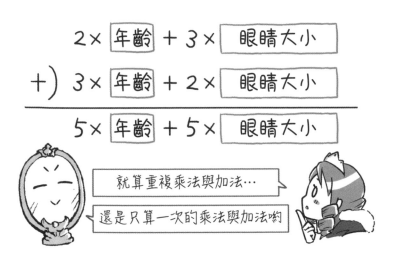

「咦？這樣所有的權重都變成 5 了，年齡乘以 5 倍，眼睛大小乘以 5 倍再加起來，只得到相同的結果」

「就是這麼一回事。乘法與加法不管執行幾次，結果只能以一次的乘法與加法來呈現，所以不會變得複雜的。這種現象就稱為線性」

「那麼除了乘法與加法之外，除法與減法也一樣嗎？」

「除法與減法只是反向的乘法與加法，所以結果也是一樣的」

「那到底該怎麼辦啊！」

「就讓計算過程變得歪七扭八啊」

「你好像說了很可怕的事？到底該怎麼做啦」

「以專業用語來說，就是進行**非線性轉換**。只用乘法或加法呈現的是線性轉換，其他則屬於非線性轉換」

「名稱不重要啦，快教我怎麼做！」

「我拿來一些看起來奇形怪狀的函數。例如 S 型函數」

「S 型函數？」

「平常不會使用啦，如果一直觀察皇后的生活情況的話」

「你是說你一直觀察我的生活細節？還真是壞心眼耶」

「順帶一提，就是下面這種形狀」

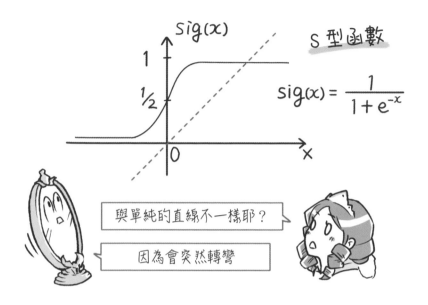

S 型函數

$$sig(x) = \frac{1}{1 + e^{-x}}$$

與單純的直線不一樣耶？

因為會突然轉彎

 「函數就是輸入不同的值，會出現不同的值」

 「如果不做任何改變，就會得到虛線的結果，直接傳回輸入的值。換言之就是 **y=x** 的直線」

 「相較之下，S 型函數還真是扭曲啊」

 「對吧，讓它突然變形」

 「要拿這個函數做什麼？」

「總之先輸入加上權重與加總後的數值」

「這就是找出各種組合，再讓這些組合變形的意思吧」

「沒錯，這種非線性轉換函數稱為**激活函數**。如果能透過這種變形，與美麗度產生某種關係就好了」

「還真是馬虎啊，這部分」

「建立模型本來就是這麼一回事啊，只要最後能解開最佳化問題就好，所以就不用太計較了」

「變形也不用增加推桿的數量嗎？」

「嗯，不用增加。不過，為了建立新的特徵值而增加組合的數量，推桿的數量也會相對增加」

「那麼列出由年齡、眼睛大小、髮型組成的 5 種組合可以嗎？」

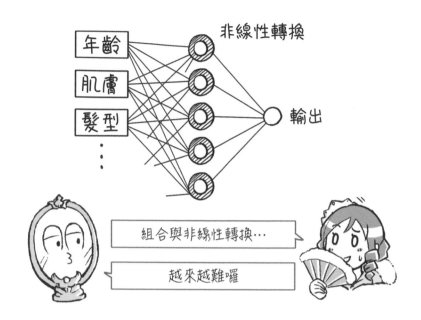

組合與非線性轉換…

越來越難囉

 「推桿的數量也增加 5 倍囉」

 「那我要把僕人的人數增加 5 倍」

 「而且還得組合非線性轉換之後的結果，所以推桿也會因為這些權重而增加相對的數量」

 「這樣啊，都是為了在最後輸出美麗度？」

 「就是這樣，就是這樣，妳總算懂了吧？」

如何建立困難的函數？

乘法與加法是從小學就會的計算方法，而剛剛提到，光是這些計算方法，沒辦法建立因應各種資料的複雜函數。

複雜的函數之一就是指數函數。這種函數寫成 e^x 或 $\exp(x)$，但是對初學者來說，是很難駕馭這個函數的，因為這是不具線性的非線性函數。這個函數可以轉換成另外的方式呈現。

指數函數其實長成下面這個形狀

$$e^x = 1 + x + \frac{1}{2}x^2 + \frac{1}{3!}x^3 + \cdots$$

後面的「⋯」代表一直繼續加下去。「!」是連乘的符號，例如 $3! = 3 \times 2 \times 1$。

其中出現了不斷進行乘法的 x^k（x 乘以 k 次的意思）。這種乘法是自己乘以自己的「指數運算」，主要的功能在於破壞線性。如果具有線性，就跟進行加法與乘法的函數一樣，而這種指數運算就是脫離線性世界。

要建立複雜的函數就需要**非線性轉換**，指數運算就是一種非線性轉換，指數函數也因為擁有非線性轉換，所以是複雜的函數。

剛剛介紹的 S 型函數長成

$$\mathrm{sig}(x) = \frac{1}{1 + e^{-x}}$$

函數之中也有指數函數。

　　組合這類函數可建立形狀與性質都很複雜的函數，這也是機械學習內部不斷在進行的內容。讓這個形狀不斷地自由變化，最後找出最適合的形狀，就是**最佳化問題**的目的。

 **3-4** 神經網路

 「一開始最單純的資料就是在年齡、眼睛大小這類特徵值加上權重以及加總對吧？」

 「是的，接著是建立這些特徵值的組合，直搗美麗度的核心」

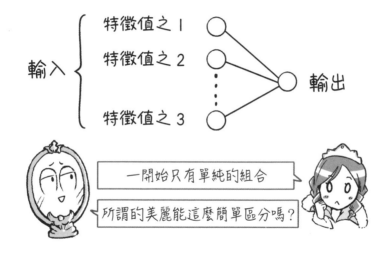

 「不過這次除了在特徵值加上權重以及加總，也讓特徵值的組合變形，然後再加上權重與加總」

 「利用特徵值的組合建立新的特徵值，然後再組合這些新的特徵值，直接挑戰美麗度的計算」

「該不會這樣重複下去，就能更正確地認識所謂的美麗？」

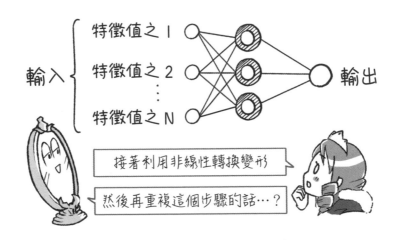

接著利用非線性轉換變形

然後再重複這個步驟的話⋯？

「妳的直覺沒錯！就是這樣，這就稱為**多層神經網路**。剛剛只有一次的組合稱為單層神經網路」

「多層？有很多層，然後層層重疊的意思？」

「是的，輸入原始特徵值的部分稱為**輸入層**，而這些特徵值經過組合與變形之後的部分稱為**中間層**，最後加上權重與加總的部分稱為**輸出層**。這種增加層數的方法可建立複雜的特徵值組合，所以只要努力增加層數就行了」

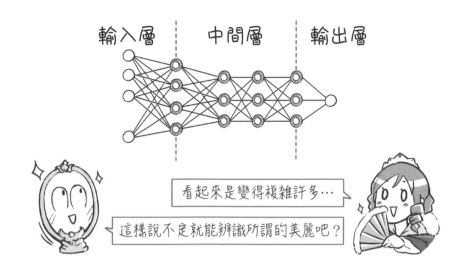

輸入層　　中間層　　輸出層

看起來是變得複雜許多…

這樣說不定就能辨識所謂的美麗吧？

「說到努力的話，我可是有很多位僕人的喲」

「僕人們當然也要努力啦，只是還有很多困難的問題」

「怎麼會這樣！」

「沒問題啦，現在已經有很多解決這些問題的方法，讓我們試著解決這些問題吧」

在大量的特徵值加上權重與加總，再將加總結果套用非線性轉換的處理，建立成複雜函數的一部分，然後再將這些部分組合起來的過程若是重複進行，就成為所謂的**多層神經網路**。

目前已知大腦內部的神經網路是透過突觸的結合形成網路，而電流會於這個網路流通，感覺上就像是一台處理資訊的電腦。為了了解大腦的資訊處理機構而發明的人工模型就稱為神經網路。

用於處理大量資訊的網路非常複雜，而且透過實驗也證明學習的結果會使突觸重新連結，也會使連結的強度增加，所以多層神經網路就是模仿人類大腦的結果。

本章介紹的是最基本的部分，也就是輸入層朝輸出層傳遞資訊的前饋式（Feed Forward）神經網路，而雙向存取資訊的稱為回饋式（Feed Back）神經網路，另外還有遞歸式神經網路。

這種雙向神經網路的代表之一就是由霍普菲爾（John J. Hopfield）提出的**霍普菲爾神經網路**。這個神經網路可說是後半段介紹的**玻爾茲曼機械學習**的重要起源。由於是雙向存取資訊，所以在處理資訊時，預設的中途結果會被來自他處的「喂，你錯了啦」的訊息顛覆。

如此複雜的存取可超越前饋式神經網路，輸出一個以上的結果，還能根據提出多個解答的樣子，說明想起既有資訊的**聯想式記憶**。

第 **4** 章

挑戰深度學習

皇后與萬事通的魔鏡

為了組合特徵值，以及輸出需要的結果而加上權重與加總。而為了讓構造更複雜一點，再根據特徵值的組合陸續產生不同的特徵值，然後讓這些特徵值與需要的輸出結果相符，這就是所謂的多層神經網路。

乍看之下，不管什麼函數都能呈現的萬靈丹登場了！但其實裡面還有很多困難的部分。不過，今時今日已經有很多方法可以解決這些困難，到底是哪些方法呢？

「接著讓我們利用多層神經網路求出美麗度吧」

「要做的事就是單方面地將推桿往上下拉，解出最佳化問題吧！換言之，就是讓誤差縮小吧？」

「是的，總之就是讓誤差函數縮小。要做的事完全一樣，指令表也一樣，演算法也完全一樣」

「那不是很簡單嗎？我也來幫忙吧。呃！嗯～～～？」

「要是有這麼簡單就好了…」

「什麼啊，完全推不動推桿！你動了什麼手腳啊？」

「我什麼手腳都沒動啊，這就是現實」

「什麼意思？不能改變權重了？」

「是啊，這個就叫做**梯度消失問題**」

「梯度消失問題？梯度是指？」

「之前都是推動推桿，看看誤差會不會縮小對吧？這時候是微分，而誤差變化的程度稱為**梯度**」

「有梯度代表誤差比較容易降低對吧？」

「就是這樣，而現在的問題是梯度消失了，而這就稱為梯度消失問題，換言之，誤差變得很難縮小，也代表很難推動調整參數的推桿」

「這麼重的話，我是絕對推不動的。只能請僕人們幫忙吧」

「就算請來僕人，大概也推不動吧」

「那現在到底是怎麼一回事啦！」

「一旦移動推桿，輸出值就會變化對吧？雖然這是為了與資料相符，但在多層神經網路的情況下，離這個輸出值還遠得很咧」

「中途的確組合了很多次，也進行非線性轉換了吧？」

「稍微觀察也知道這個神經網路已經像是錯綜複雜，解也解不開的繩子」

「推動推桿會對這個繩子有什麼影響嗎？」

「舉例來說，之前我們會推動推桿來拉緊或放鬆這條繩子，然後觀察輸出值有什麼變化對吧？輸出值越接近資料，誤差函數就越縮小。感覺上就像是拉到連著遠處輸出值的繩子，然後把輸出值拉到正確的位置一樣」

「因為不知道要拉哪條繩子才是對的，所以很困擾。不過，只要一點一點地拉，找出能往正確方向前進的繩子不就好了嗎？」

「嗯，這個做法本身沒錯，但是與輸出值連著的繩子有很多條喔，而且繩子也受到很多因素牽制，所以為了拉動一條繩子而推動推桿的話，妳看看」

「完、完全推不動！」

「就是這麼一回事。因為模型變得複雜，所以繩子也變得錯綜複雜，拉動一條繩子，就會拉到很多條繩子，所以才會變得這麼難拉。在中途拉動這些纏在一起的繩子，讓誤差函數的影響最佳化的方法稱為**反向傳遞法**。這個很難喔」

「嗯～，不過你說過，這個問題已經有解決的方法吧？」

「我有說推桿變重了，但全部都很重嗎？」

「的確，這一帶的比較重，咦？這根比較輕耶」

「對啊，離輸出越近的越輕，也就是還有梯度，但是離輸出越遠的越重」

「這是怎麼一回事？」

「請仔細想想看，之所以離輸出越近的推桿越輕，是因為只要稍微推動推桿，就能讓誤差大幅縮小，而這都是因為推桿與輸出的變化息息相關。不過，若是離輸出太遠，參數就會因為推桿而改變，而這個影響要傳遞到輸出之前，必須經過很多部分對吧？」

「傳遞到輸出之前，會被很多部分拉住，所以才會這麼重的意思吧？因為繩子已經纏得很複雜」

「大致上就是這個感覺。繩子會纏得這麼複雜，都是因為把模型的構造變得複雜，但是這麼做也是為了要配合資料，所以不得不這麼做」

「為了盡可能輕鬆地推動推桿，最好讓推動推桿的影響直接傳遞到輸出，也就是注入潤滑油的意思喲，要在繩子纏住的每個關節處注入潤滑油」

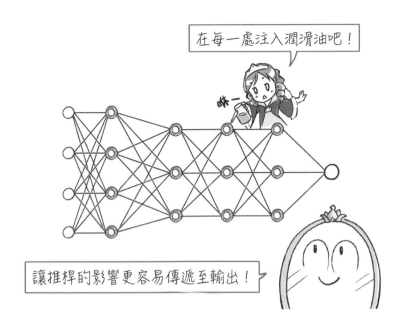

「只要稍微推動推桿，誤差函數的變化就很大耶。之前連推都推不動！」

「這時候要注意讓推桿容易推動的激活函數。這裡不要使用 S 型函數比較好」

「你是說扭曲變形的非線性轉換吧？」

「沒錯。遺憾的是，S 型函數本來就會讓推桿變得很難推動喲。不過使用 S 型函數的歷史已久，很難一時擺脫它」

「把 S 型函數當成激活函數使用時，推動推桿，輸出也不會有太大改變，所以誤差函數也不會有什麼變化。簡單來說，就是推桿的影響很難傳遞的意思」

「這些事情是怎麼了解的呢？」

「讓我們看看 S 型函數的微分吧。這個微分就是稍微推動推桿時的反應程度」

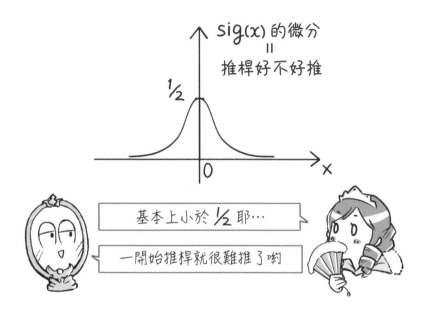

「好像大部分只能是小的值耶」

「是的，微分的值很小，所以才沒什麼反應，也是因為這樣，所以推桿才會這麼重」

「那為了更容易推動推桿，把激活函數換成其他的函數，不就能讓推桿的影響更容易傳遞？」

「的確是這樣喔，早期使用楊立昆（**Yann LeCun**）先生提出的神經網路的機械學習，尤其是從事深度學習開發的人們，之前都使用 **tanh(x)** 這種雙曲線函數。這掀起一波該使用何種激活函數才好的討論，最近則建議使用斜坡函數」

「斜坡函數？使用這個函數就能在推桿注入潤滑油，讓推桿更好推嗎？這是什麼樣的函數啊？」

「很簡單的喲，就長下面這個形狀」

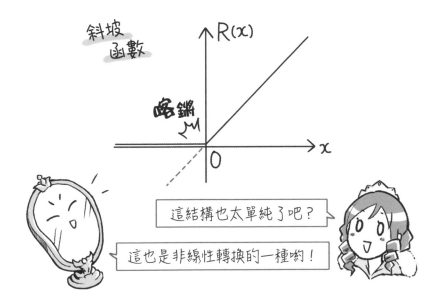

「這不是單純的直線嗎！」

「雖然是單純的直線，但在經過原點時，突然轉了彎對吧？因為有這個彎，所以是非線性轉換。而且這個有微分容易傳遞的特徵」

「使用這個函數，推桿就會變得好推嗎？」

「嗯，現在已經是每個人都使用的非線性轉換函數喲」

「啊，真的耶，推桿變得好好推！」

「從微分來看，斜坡函數的微分值比 S 型函數的大很多，而且範圍還變得更廣！微分與推桿好不好推有關，所以這是非常重要的性質」

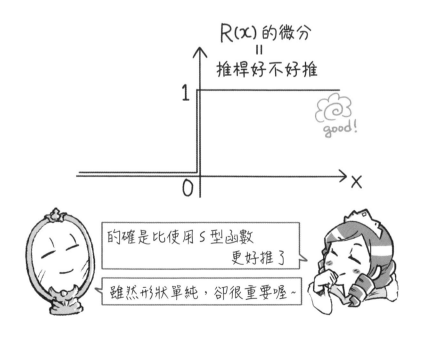

「斜坡函數的功能就是潤滑油啊」

「不過還有另一個問題喲，只是梯度消失問題解決了」

「什麼啊，還有問題嗎？」

「有啊，就是過擬合的問題啊」

深度學習的風潮

以多層神經網路為本，利用複雜的神經網路進行機械學習是早就有的想法，而且歷史也非常悠久，到了現代總算發展成勢不可擋的規模。到底是什麼東西爆發這股熱潮的呢？答案就是現在的資料越來越龐雜，也越來越容易取得。

多層神經網路之中有無數的參數以及代表特徵值重要度的權重。為了要符合如此大規模資料的不同面向，就必須相對的預備如此多的參數。而在最佳化這些參數時，必須擁有透過各種條件實驗所得的版本資料。簡單來說，多層神經網路的學習需要取得大量的資料。

早期很難得到如此大量的資料，所以也很難實施多層神經網路的學習，這點想必大家已經察覺到了吧。而且就算能取得資料，要學習擁有如此大量參數的神經網路也非常困難，所以皇后與僕人才會忙得團團轉。

在演算法方面，神經網路的性質方面，以及激活函數的開發，都有各式各樣的小型研究進行，但是在早期的時候，就算擁有如此優異的演算法，當時的電腦也無法處理如此大規模與大量的資料。不過，到了連筆記型電腦都能高速運算的現代，這些困難的運算也變得簡單了。

深度學習就是利用複雜的多層神經網路進行的機械學習，現在之所以會變得如此熱門，全是因為能輕鬆取得大規模的資料，而且電腦的性能也已提升至能處理這些大量資料的地步，同時演算法也有了長足的發展。換言之，這股總算到來的熱潮讓深度學習變得不再是遙不可及的夢想。

4-2 注意過擬合

 「過擬合就是那個嘛,練習很強,正式上場很弱的情況對吧?」

 「是的,在建立多層神經網路時,妳是抱著什麼心情呢?」

 「嗯,比起單純的神經網路,好像比較擅長建立複雜的」

 「如果再仔細想一下,這種複雜的神經網路比較能代表複雜的東西吧?」

 「對啊,複雜的比較能代表美麗度或是這種錯綜複雜的難度!」

 「說得沒錯,因為複雜的神經網路相對具有豐富的表現力」

 「所以我是不是很～～～～強啊?」

 「**Shut Up** ～～!什麼都搞得很複雜可是沒大腦的事喔!結果只會看不出什麼因素比較有影響力而已!」

 「好啦,對不起啦。嗯,好像的確是如此耶!」

「一開始弄得複雜，的確能讓模型更能說明資料。因為參數夠多，所以怎麼樣都能說明資料」

「雖然現在完全符合眼前的資料，也就是訓練資料，但是能不能符合測試資料，那又是另一回事了」

「這樣嗎？一不小心，就會過擬合了耶」

「所以在解最佳化問題的時候，不需要太要求一定要到達完美的地步」

「不能訓練過頭嗎？」

「是的，粗略地執行最佳化是關鍵」

「例如該怎麼做呢？」

「做法有很多啦，最有名的就是 dropout」

「怎麼聽起來像是小混混的名字」

「是啦，不過這個名字可是與背後的意思很吻合喔！選擇適當比例的特徵值，然後完全忽略剩下的特徵值」

「咦？被忽略的特徵值的權重該怎麼辦？」

「就放著不管啊。就是先停止最佳化」

「這麼偷懶沒關係嗎？」

「所以才說是 dropout 啊」

「啊，原來是這樣」

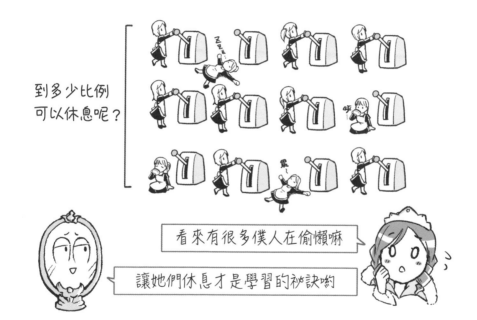

「這麼做是為了防止過度最佳化。而且僕人們也可以休息，這不是皆大歡喜嗎」

「嗯嗯，說得也是」

叩叩叩！突然傳來敲門聲。

「誰、誰啊！」

「看來我暫時切換成普通鏡子的模式比較好。咪啦～～～」

「那是什麼音效啊！話說回來，是誰啊！」

「新的調查結果送到了！」

「哎呀，原來是士兵啊？調查結果？快進來！」

「失禮了！這個是您要的全國美麗度調查結果」

「咦～～～～！居然還有？」

「這麼晚才送到真的非常抱歉。不過是從全國收集，所以近的地區會早點送到，遠的地區就會晚點送到。請您原諒我們」

「這不是得全部重來嗎？」

「不會喲，可以一邊輸入資料，一邊進行最佳化就好」

「鏡子居、居然說話了！」

「喲，你好呀！」

「不是叫你別說話嗎！不過你剛剛說什麼？邊輸入資料邊最佳化？」

Column 機械學習就是與過擬合戰鬥

　　過擬合又變成話題了。雖然能完美地解出眼前的計算練習題，卻無法解決與計算練習題類似的考題。這時候，可能的原因到底是什麼？

　　其中之一的原因有可能是計算練習題與考題的特徵完全不同。這是因為將計算練習題當成訓練資料之後，這個訓練資料與測試資料完全不同，或是偶然產生的外部干擾太強，導致無法掌握所有的特徵。這相當於壞心眼的老師故意出計算練習題沒有的題目，而這樣的資料在品質上就有問題。開始進行機械學習之後，若一直無法提升精準度，有可能就潛藏著這類問題。

　　另一個原因就是太勤勞地寫計算練習題，把所有題目與答案都背下來的情況。這種情況會導致明明考試出了計算練習題裡的問題，卻只因為稍微修改了數值就答不出來。模型裡可調整的參數若是太少，就有可能無法與訓練資料或測試資料吻合。

　　不過，參數若是過多，就有可能出現過於吻合訓練資料，卻與測試資料完全不吻合的情況。這種情況就稱為過擬合。

　　克服這個問題的方法之一就是**正規化**。在解最佳化問題時，基本上要注意誤差函數，然後忠實地組合資料與輸出值，而一邊完成其他的要求，一邊進行參數的最佳化就稱為正規化。舉例來說，有時會希望參數不要太大，不讓參數太大可或多或少忽略讓誤差函數縮小的要求，所以能避免過於吻合訓練資料，也就能避免發生過擬合的現象。看來，偶爾偷懶反而更能應付正式的考試呢。

4-3 批次學習與在線學習

「現在已經是大數據時代了喲，所以取得資料不是問題，重點是能否以適當的方式處理這些資料。資料陸陸續續地來也沒有問題的」

「大數據時代是什麼意思啊？」

「啊，我忘記這裡是很鄉下的國家。總之就是有很多資料，而且這些資料都有很多特徵值的時代，全世界已經變成這樣了！」

「等等，你說有很多資料的意思是，又得從建立很多向量的地方開始嗎？」

「那裡不是有很多看起來很閒的人嗎？」

「咦，是說我嗎？」

「啊，真剛好，那就請大家幫幫忙吧！」

 「這麼一來就不用輸入硬得啃不動的資料！既然有這麼多資料，
與其重新輸入，從頭開始重做不就好了？」

 「接收所有資料，然後將這些資料當成訓練資料學習的情況稱為
批次學習」

 「批次學習？」

 「一次執行很多動作稱為批次，相對的，資料分批來的情況稱為
在線學習」

 「那我們現在的情況就是在線學習囉？」

 「沒錯。新的資料集一直來對吧，但是最佳化的方法沒有改變，只
有使用的資料略有不同，所以配合的資料也會改變，也就是誤差的
方式會改變。舉例來說，之前的資料看起來像直線對吧？如果覺得
資料的排列像直線，那麼這時候就像是收到不同的資料了」

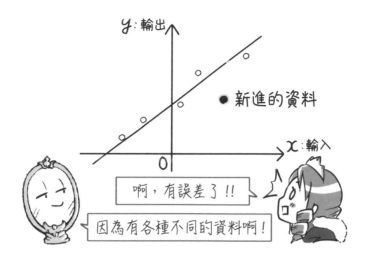

啊，有誤差了！！

因為有各種不同的資料啊！

「意思是得再把推桿推上推下囉？」

「嗯，不過沒有那麼困難啦，做法都是一樣的，而且你覺得會收到差異很大的資料嗎？」

「啊，是吼，之前是以相同的特徵值觀察每個人的美麗度，所以就算資料有些許差異，但整體來說還是很類似的」

「就是這麼一回事。如果新進的資料不是人類的特徵值，而是狗狗或貓咪的特徵值，那當然就另當別論，但是若是根據相同的輸出與輸入所收集的資料具有明顯的差異，那就代表這些資料本來就沒有所謂的規律吧？這時候就很難處理這些資料」

「所以只要稍微調整推桿就結束了？」

「嗯，很快就會結束喲。而且在線學習的好處就是會一直收到不同的資料，所以泛化能力會越來越強」

「的確，就像一直在考試一樣吧」

「就是這麼一回事。要進行批次學習必須先收集所有資料，而且有時候會沒辦法收集到所有資料」

「不過，如果能收集到所有資料再開始，應該比較好吧」

「我知道妳的心情，不過啊，進行批次學習時，推桿還是會變重喲」

「為什麼？又是梯度消失問題？」

「是我的問題啦，妳仔細想想看就知道啦，我可是得根據所有的資料計算誤差喲！」

「即使你看起來好像遊刃有餘？」

「那是因為我是由最新規格的電腦組成的，所以才能從容地處理所有資料，不過就算勉強地計算也沒什麼用」

「勉強地計算？」

「對啊，我之前不是說過，不求完美地慢慢學習才是對的。收到這麼多資料，然後找出大部分的規律，這樣不就夠了嗎？因為訓練資料與測試資料是不同的，所以就算符合訓練資料也沒有意思，符合測試資料才重要。就這層意思來看，只要差不多符合訓練資料就夠了」

「可是好不容易得到資料，不是全部使用比較好嗎？難不成要丟掉？」

「當然不會丟掉啊。即使是批次學習，最近也變得與在線學習一樣。換言之，就是將得到的資料分成小批次這種小群組，然後以這些群組進行學習。假設有 A、B、C、D 這些群組，然後在推動推桿時，依序輸入這些群組的資料」

「呃…就像是下面這種情況吧」

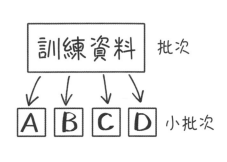

 分成小群組了耶

這比起拿著所有資料學習更有效率喲

「先分成這樣的群組，然後再依序輸入這些群組嗎？」

「是的，即使採用批次學習，但內容規劃成在線學習的格式是目前的趨勢，而這也稱為**隨機梯度下降法**」

「隨機？」

「嗯，在分組時，若是憑一己主見隨便決定組別，就有可能會產生主觀的影響。只使用美人或普通人的資料，會莫名地產生偏差，也可能會造成不公平的結果。請仔細想想看，與其一開始先解決簡單的問題，然後後面都遇到困難的問題，還不如讓簡單的問題與困難的問題混在一起，才是比較聰明的做法吧？」

「說不定真的是這樣啦。所以要用抽籤的方式決定群組囉？」

「就是這樣，這就是所謂的隨機選擇。總之就是不要出現偏見。分出隨機抽選的小批次之後，再試著稍微推動推桿，看看誤差會有什麼變化，就可以把推桿往誤差縮小的那方推，所以這種方法才叫做隨機梯度下降法」

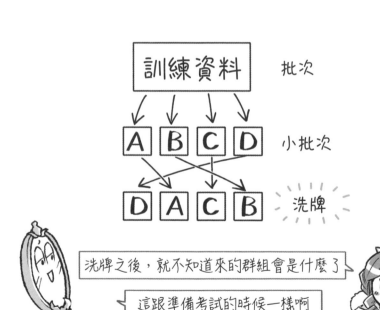

「原來如此，現在接二連三來的資料也是隨機的，所以只要在接收資料之後，試著推動推桿讓誤差縮小就可以了吧？這個就叫做在線學習的梯度下降法吧」

「如此一來，就能避開常見的極小值問題，也就是避開所謂的鞍點。在有很多參數的情況下，有時沿著某個方向不斷前進，以為走到谷底，結果一往其他方向走，誤差函數卻又變得更低，這個谷底就叫做鞍點。一般認為，隨機梯度下降法最適合用來找出這種誤差函數變得更低的方向」

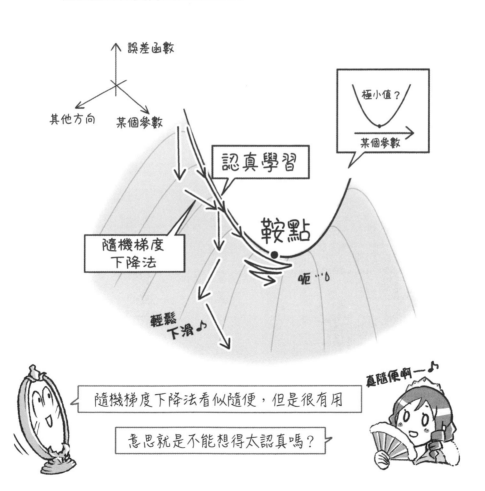

「在線學習與隨機梯度下降法好像都很隨便，這樣有什麼好處嗎？」

「有啊，就是經過漫長的學習後，某天突然融會貫通！一直很認真地學習，有時會誤以為已經抵達極限，結果跳脫出來後卻另有發現，大家應該都有這種類似的經驗吧。為了早一步抵達這種地步，偶爾放鬆一下反而才是捷徑。」

「無心地學習反而進展較快的理論在這裡也能成立耶。所以說，每次有不同的資料進來時，再稍微研究一下就好嗎？」

「就是這樣，當士兵陸續進來這間房間，輸入全國的資料時，就能從大量的資料找出與美麗有關的規律，函數也就完成了」

「這麼一來，你就能回答我，我到底美不美麗這個問題了嗎？」

「那是當然，如果能透過如此多層神經網路自動選擇代表美麗度的特徵值組合，就能回答妳的問題。多層神經網路這個方法其實早就有了，但是直到最近才了解要注入潤滑油或是進行微調，讓推桿變得更好推，機械也才能學習各種資料。雖然做法有很多種，但基本上都是一樣的。現在則是改成**深度學習**這個名稱復活」

「這就是街知巷聞的深度學習吧！」

「現在已經能得到大量的資料，而且學習的技巧與執行學習的電腦都有了長足的發展，所以機械學習才能在這個萬事皆備的時代急速發展」

「如此一來，就能基於客觀的資料分析我是不是世界第一美女了！」

「……。」

「啊，我剛剛是不是不小心說出了我的私心？聽好，這件事絕不能洩露出去！」

「遵、遵命！」

「皇后到底美不美，問人類應該最快吧」

皇后的房間開始熱鬧起來。

雖然是基於不良動機（？）而展開的全國性調查，但在收集資料的過程中，似乎有了意外的收穫。士兵們在外面進行某種對話。

「你說什麼？這樣很糟糕啊」

「就是說啊，老實說，我覺得不是做這種事情的時候啊」

「什麼叫這種事情？我全部都聽見囉！」

「對、對、對不起！」

「雖然對不起皇后，但是在調查美麗度的時候，我們順便巡視了全國的樣子，發現這陣子的天候不佳，導致收成不好」

「你說什麼？這樣百姓很辛苦吧」

「雖然還是有土地能收成，但是如果還照慣例徵收作物，能上繳的地區或許沒問題，但是沒辦法上繳的地區就糟了」

「我正打算上諫國王，希望能調整徵稅的比例」

「但是該怎麼決定比例呢？」

「你給我閉上嘴！！！」

「鏡、鏡子居然說話了！！」

「唉唷，這不是又被發現一次了嘛！」

「又沒關係，就聽聽大家的煩惱吧！」

「對了！說不定可以這麼做⋯」

　　皇后似乎想到了什麼。

Column 隨機梯度下降法的復活

　　計算大量資料的方式之一就是**隨機梯度下降法**。其實這個方法的歷史很悠久，早在 1950 年代就已經出現。現代已可輕鬆地取得大量的資料，也能計算大量的資料，所以這個隨機梯度下降法也不斷地進行改良，發展也變得非常迅速。

　　擷取部分資料，然後利用部分資料解決最佳化問題似乎是正確的做法。請大家回想一下，在面對機械學習的最佳化問題時，需要偶爾偷懶，預防過擬合現象的這件事。

　　當資料的規模變得龐大，要操作的參數變多，試求梯度也無法移動各種參數的梯度消失問題又再次出現。這可是改良激活函數，也無法解決的嚴重問題。

　　不過最近總算了解這個梯度消失問題是可以避免的。只要仔細挑出能變化的參數，慢慢地，這個參數就會自行動起來，這跟擁有長久的經驗後，在學習過程中突然融會貫通是一樣的情況。如果能事前知道讓這些參數產生變化的方法，事後就不用大費周章調整，但總是會事與願違。

　　此時能派上用場的就是隨機梯度下降法。在不是那麼精準的計算之下，參數的變化也會變得不是那麼直線，所以就算不知道該怎麼脫離這種情況，也會知道參數產生了變化。那邊好像有牆壁，那換走這邊如何？隨機梯度下降法有這種一邊如此找路，一邊更新參數的性質，而且現在的隨機梯度下降法也持續改良，所以學習也變得很有效率。

比起朝著既定的路線前進，到處亂晃反而比較容易找到捷徑。越是了解機械學習，越會不自主地覺得機械學習真的跟人類的學習過程有眾多相似之處。

第 **5** 章

預測未來

擔心民眾的皇后

5-1 識別的鏡子

士兵陸續送來全國性調查的結果，也將資料輸入魔鏡，僕人們則是不斷地推動推桿，讓誤差盡可能縮小。魔鏡內建的多層神經網路也不斷地學習所謂的美麗。

雖然一開始是基於不良動機才建立這套學習美麗的系統，但仔細一想，這應該是一套無所不能的系統吧？一如各位聰明的讀者，皇后似乎也察覺這點了。

 「若說是國王決定的，一定會出現想推翻決定的小人，所以就交給我做吧！」

 「感謝皇后！可是該怎麼決定呢？我們在進行全國調查時，也順便巡視了收成狀況，但還是沒辦法正確掌握徵稅的比例」

 「你們應該是看了一些狀況後，才判斷能否收成的吧？」

 「是的，我們會先向居民了解情況，也會觀察草木的枯萎狀況。不過這次主要調查的是都市，所以還不了解農村的具體情況」

 「魔鏡啊魔鏡，如果是你的話，就能了解了吧？告訴我哪個地區的災情比較嚴重吧」

 「咦咦咦？我不知道這種東西啦」

 「我會建立模型喲！接下來只要有資料，就能知道哪個地區的災情比較嚴重吧？」

「嗯，現在已經知道能不能收成嗎？」

「對啊，去都市調查的士兵已經大致掌握收成不錯與收成欠佳的地區囉。話說回來，目前只掌握去過的地方，其他地方的情況還不知道」

「原來如此，我能根據輸入的特徵值，以 0 或 1 輸出收成的結果啲。基本上都能以相同的要領完成」

「我們也來幫忙！」

「那請先看地圖吧。因為天候會影響收成，所以地理因素是最重要的吧」

「這就是特徵值嗎？」

「沒錯，請先在地圖上標示哪些地方能收成」

「不知道收成量沒關係嗎？」

「基本上沒什麼關係喲。我會以 0 與 1 這種數值代表能否收成。只要能正確輸出這些數值就可以」

「那麼該怎麼做呢？」

「以現在的情況來看，就是先將特徵值轉換成座標。天候與地理因素有關，而地理就是與位置有關。在這個座標加上權重，然後輸出加總後的結果是最簡單的。把這個結果轉換成 0 與 1 即可。舉例來說，就是利用赫維賽德函數」

「聽起來像是出現一個很厲害的函數耶」

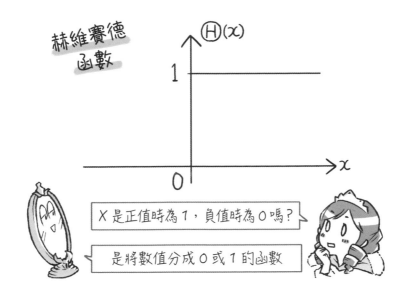

赫維賽德函數

X 是正值時為 1，負值時為 0 嗎？

是將數值分成 0 或 1 的函數

「如此一來，就不會出現各種輸出值，只會出現 0 與 1 這種輸出值。然後設定 0 代表無法收成，1 代表已收成即可」

「原來如此，那趕快來做看看！」

「大概行不太通吧，不過應該可以學到不少東西，所以試試看吧」

「推桿由我來推吧！這點小事我應該辦得到」

「接著來繪製**分離超平面**」

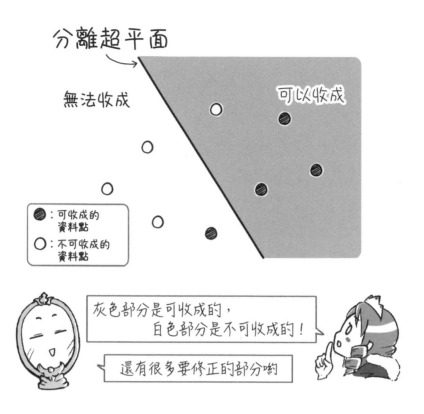

「分離超平面？這條分界線是什麼？」

「就是以現在的參數來看，恰巧分成 0 與 1 的界線。就是在特徵值加上權重然後加總，結果為 0 的部分，這個部分稱為**分離超平面**。如果比這個結果還大，輸出值就會是 1，所以將這個部分先以灰色填滿，如果比這個結果還小，輸出值就會是 0，而這邊就不填任何顏色」

「意思是右上方是可收成，左下方是無法收成嗎？這樣子好像沒辦法完全辨別耶」

「對啊，推動推桿，讓參數產生變化後，這個分離超平面也會改變」

「啊，真的耶！」

「原理都是相同的。因為都是要讓誤差縮小，所以只要能增加正確解答的部分就好。這應該很好懂吧」

「嗯，的確很好懂！我做好了！」

「像這樣移動分離超平面，用來分邊的模型稱為**感知器**，這是 **1950** 年代由法蘭克羅森布拉特（**Frank Rosenblatt**）模擬人類大腦，透過學習自動識別的方法」

「感謝你的解說啦，這樣雖然是可以正確識別啦，但邊邊的部分不用管嗎？」

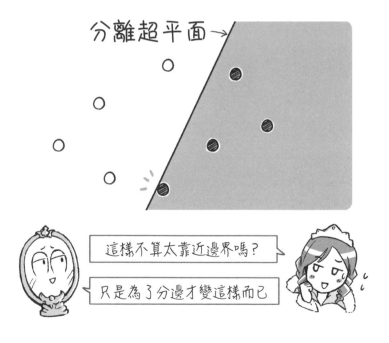

分離超平面→

這樣不算太靠近邊界嗎？

只是為了分邊才變這樣而已

「是啊，不用管，若只是為了識別或分邊，使用感知器就夠了，但這樣的確是很接近邊界。這時候雖然是忠實地分出能收成與不能收成的位置，但在兩者之間的位置到底是怎麼樣，常常會在得到下筆資料後，才知道弄錯了」

「所以先暫停一下？」

「這也是個選擇。簡單來說，我們要的不只是正確分邊，還希望盡可能讓這個識別面與資料點的距離放大，也就是讓邊界變大」

「那這麼做就好了吧？看我的，嘿咻」

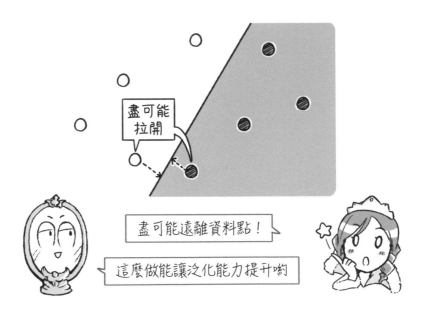

盡可能拉開

盡可能遠離資料點！

這麼做能讓泛化能力提升喲

「為了盡可能放寬邊界而移動分離超平面的方法稱為**支持向量機**。這個比感知器稍微晚一點發明，是 1960 年由瓦普尼克（**Vladimir N. Vapnik**）提出」

「感謝你細心的解說！這樣就可以得到令人滿意的結果囉」

「支持向量機常用來提升泛化能力喲，此外還能透過改變分類的指標，建立各種分離超平面」

「糟糕了。居民告訴我們無法收成…！咦？怎麼回事？」

「請交給我吧。這是哪裡的事呢？」

「這還真是剛好耶，才剛把之前所得的資料當成訓練資料使用，新的資料就來了，那新的資料就當成測試資料使用吧」

「練習賽之後的正式比賽嗎？話說是哪裡的居民？」

「這裡、這裡跟這裡」

「啊～～」

「完全沒預測到啊！」

「果然沒辦法…」

「魔鏡啊魔鏡，你果然是一點用也沒有！」

「等、等一下！你以為光是這些座標就能全盤預測？特徵值可是有很多種的吧？例如當地的地形或是居民都怎麼照顧土地，應該沒辦法用這麼簡單的直線區分吧？皇后應該已經發現該怎麼做了吧」

「！就是非線性轉換的意思嗎？」

「**就是這麼一回事**」

「使用多層神經網路吧！」

「就算使用多層神經網路，若能在最後的輸出結果套用赫維賽德函數，就能將無法收成的地區輸出為 **0**，以及將可以收成的地區設定為 **1**。所以才說結果都是一樣的嘟。『**想了解何謂美麗！**』以及了解能否收成，結果都是一樣的」

「不用說得那麼大聲吧！！！」

支持向量機的泛化能力

盡可能讓資料點遠離分離超平面就是支持向量機的重點。

不過，將分邊當成目的時，就不需要注意這個重點。分邊雖然可讓識別的誤差降至最低，但是支持向量機不僅針對識別的誤差，還考慮邊界最大化，以及讓資料點與分離超平面之間的距離最大化。

這對機械學習非常有幫助。之前說過，機械學習就是與過擬合的戰鬥，若能將資料點妥善地分邊，當然就能正確識別，但這一切充其量只對應訓練資料而已。

對應訓練資料充其量只是起點，機械學習的最終目標還是希望能對應測試資料，以及對應接下來的未知資料。我們手中的資料說到底只是這世界的一部分，我們要做的是從這部分的資料預測整體，所以太執著於訓練資料也沒什麼意義。

完全符合這種心情的就是支持向量機的邊界最大化，換言之，就是除了能正確識別，還要讓邊界最大化。這跟預防過擬合所使用的正規化有相同的效果。其結果就是支持向量機可相對提升泛用能力，這也是目前很常使用的識別手法。

支持向量機在這層意義上，可說是正確了解機械學習本質的教科書。

5-3 原本就能分離嗎？

 「接著我就提出各種可能的特徵值，再請妳輸入這些特徵值。咦？怎麼了嗎？皇后」

 「不是說使用多層神經網路調查與識別能否收成嗎？我大概知道這是可行的方法，但還是覺得很奇怪」

 「只是簡單地在地圖畫直線，好像很難查出能收成的區域」

 「就是說啊。要是能收成與不能收成的地區如下面的方法分佈，不就沒辦法用直線分邊了嗎？」

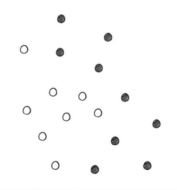

這樣就沒辦法用直線來分吧了吧…

對啊，因為終究只是直線…

「是啊，這樣子的話是不可能分邊的」

「果然不行嗎？」

「早期感知器發表時，也曾因為無法把這麼難的東西分邊而讓人失望」

「跟現在一樣的狀況嗎？可是現在使用多層神經網路後，就可以了嗎？」

「是啊，就想像而言，就是讓地圖變得皺巴巴啊。皇后請拿起地圖」

「咦，這樣嗎？」

「對，然後讓地圖變得皺巴巴」

「啊，這樣地圖就變皺了啦！」

「這樣地圖就變形啦。透過這樣的變形，收成分佈就跟剛剛長得不一樣了吧？」

「啊，的確是」

「真的是變得皺巴巴喲。找出這種變形的方法，讓地圖變成可用直線分割的樣子」

「隨便變形也行不通，所以得讓地圖一點一點變形，這樣就能找出適當的變形方法吧？」

「就是這樣。讓地圖重複變形，變成再怎麼複雜，也能輕易分邊的形狀」

「聽起來好像是智慧環」

「這個比喻說不定還不錯。從兩個環拆開的狀態，讓這兩個環慢慢變形成看起來拆不開的狀態。魔術方塊也是類似的例子喲。雖然每一面都有不同的顏色，但只要轉個幾圈，就會變成錯綜複雜的樣子了」

「這種變得皺巴巴的過程也是非線性轉換嗎？如沒有非線性轉換，就沒辦法完成這個變形嗎？」

「如果只有線性轉換，就只能進行乘法與加法，也就是把地圖轉換成能伸縮與扭曲的橡膠材質。不過光這樣還是沒辦法完全分邊，所以才說非線性轉換很重要。總結就是下列的樣子」

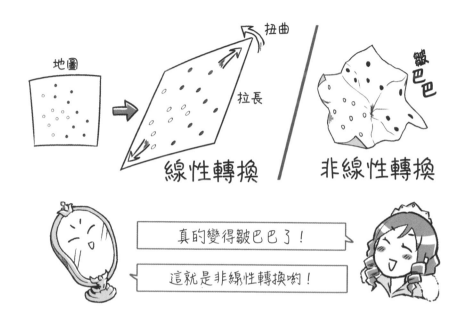

「原來如此！我好像有點懂了！」

扭曲空間的核心函數

　　之前雖然在地圖上逐步變更分離超平面，再找出能明確辨識的特徵值組合，但基本上是很難以直線分邊的，所以藉助非線性轉換的力量以及重複組合各種特徵值的多層神經網路也是可行的方法之一。

　　在多層神經網路、深度學習變得如此流行之前，為了能更簡單地識別資料而如火如荼進行的研究就是支持向量機，而對支持向量機的改良做出貢獻的是**核心函數**這個創意，也就是不直接使用特徵值，而是利用非線性轉換扭曲。

　　支持向量機的重點在於分離超平面與要識別的資料到底有多少距離。這個距離會在透過非線性轉換而變得皺巴巴的地圖裡有很大的改變。進行非線性轉換，變得可辨識之後，就會想一直使用非線性轉換，而這是利用多層神經網路，從多個參數的最佳化問題執行正確的非線性轉換，再找出答案的方法。

　　不過，核心函數是將注意力放在變形之後的距離的規律，試著改變這個距離的規律，決定執行非線性轉換的方法。因此，最明顯的特徵就是方便計算距離，也不太需要了解非線性轉換有多麼困難，同時也不需要解出與多個參數有關的最佳化問題。

　　隨著深度學習的流行，非線性轉換通常採用斜坡函數，也逼著大家學習與多個參數有關的最佳化問題，但只是多道步驟就能立刻辨識的這個方法，還請大家不要錯過。

5-4 填補資料的缺漏

「那我們開始輸入資料！」

「是吼，請僕人們調整推桿，然後正確地辨識能收成與不能收成的地區！」

「真不錯啊，就照這個氣勢進行下去吧」

「糟、糟糕了！」

「怎麼了嗎？」

「不是每個負責調查的人，都調查了所有項目，所以資料很不齊全」

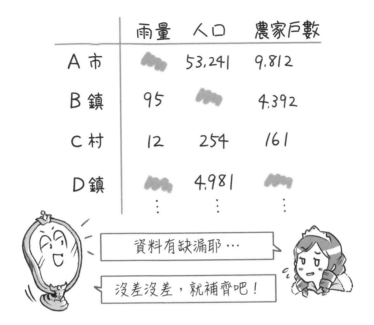

	雨量	人口	農家戶數
A 市		53,241	9,812
B 鎮	95		4,392
C 村	12	254	161
D 鎮		4,981	
	⋮	⋮	⋮

資料有缺漏耶…

沒差沒差，就補齊吧！

「會這樣也不奇怪啦…。這也不是說調查就能全部調查的東西…。」

「是因為原本的調查目的是找美女吧」

「都是因為皇后的要求才進行全國調查的吧」

「哎唷，大家不要再這樣念我了啦！」

「可是我覺得還是有某種傾向」

「的確，每個地區雖然都有一點誤差，但我也覺得似乎有某種相同的傾向」

「嗯嗯，例如在氣候溫暖的地區，居民的活動力就比較旺盛，收成也就比較好」

「只要資料有某種程度的傾向，就能自動補上缺漏的部分喲」

「咦，這麼厲害！」

「之前已將資料輸入成向量格式了吧？也就是以向量格式排列每個人的特徵值。這次讓我們以陣列這個格式輸入資料吧」

「陣列？」

「沿著垂直或水平排列資料的格式稱為向量，而垂直方向稱為列，水平方向稱為欄。平常提到資料時，都會認為資料是依照這樣的格式排列喔！妳看，**Excel** 也會使用陣列的格式啊！」

「Excel 是啥東西？」

「對吼，這個國家很鄉下，所以沒用過電腦」

「夠了沒，一直提鄉下鄉下，很沒禮貌耶！」

「像現在沿著垂直方向排列小鎮或地區，再沿著水平方向排列各種特徵值的格式就是陣列」

「那能怎麼樣呢？不是有很多缺漏嗎？」

「看了整個陣列後，覺得有很多缺漏？而且覺得有數字的部分很少？那為什麼會覺得資料有某種模式？這意思不就是雖然地點不一樣，但是比較不同列的數字之後，發現數值的排列方向有類似的傾向」

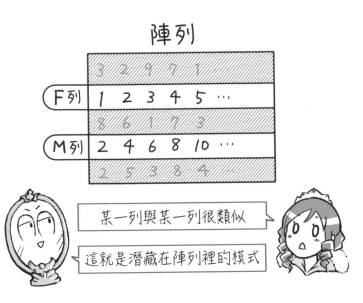

「某一列與某一列很類似」

「這就是潛藏在陣列裡的模式」

 「沒錯沒錯，好像真的有這樣的模式！」

 「假設真的有模式，而且陣列之中的數值也都齊全，那麼應該可以指定這一列是這個模式，另一列也有這個模式吧？」

 「的確耶，考慮模式是否明顯以及大小好像比較好」

 「如此一來，妳看，決定模式強度的垂直向量就變得更鮮明了吧？」

「真的耶，明明是陣列，但其實真面目是由呈現模式形狀的水平向量，以及代表模式是否存在、模式又有多強的垂直向量組成」

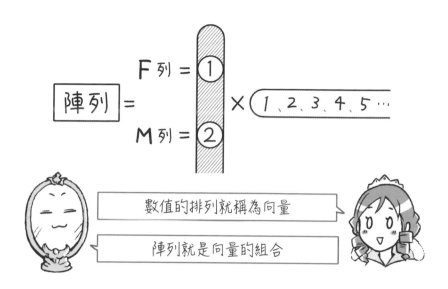

數值的排列就稱為向量

陣列就是向量的組合

「這麼說來，陣列只是表面的格式，真正的重點是模式的形狀以及配置方式，還有模式出現的程度，而不是陣列裡的數字吧？」

「你很聰明耶，就是這樣沒錯」

「不要把數字想成都很重要，而是以出現的模式，以及什麼模式在哪裡出現的角度，重新看待數字。如果此時模式的數量不多，那麼代表整個陣列的數字再少一點也不會不夠喲。這個模式有多少個稱為**陣列的階數**。如果陣列的階數很低，就能補齊缺漏的部分，而這個步驟又稱為**低階陣列重新排列**」

「為什麼能這麼做呢？」

「所謂有模式這件事，代表就算資料有缺漏，只要看看其他地方，說不定就能看出模式的形狀。所以就算資料有缺漏，也不用太喪氣，只要觀察擁有類似傾向的其他列，就能補齊資料了」

「可是啊，不是只有一個模式吧？難道不會複雜地全部糾纏在一起嗎？」

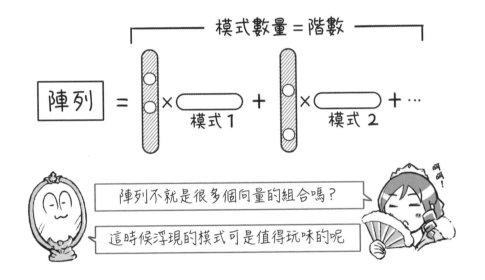

陣列不就是很多個向量的組合嗎？

這時候浮現的模式可是值得玩味的呢

「是的，連這個複雜的糾纏也要調查。這可是妳最擅長的最佳化問題！」

「是呦，陣列就是有這麼多模式，所以能寫出很多種組合，也能建立模型。用乘法與加法處理模式，應該就能變成更複雜的形狀」

「這個模型與實際要補齊資料的位置比對，就能透過模式補齊資料」

「這樣不是很厲害嗎？意思是資料不完整也沒有關係？」

「如果模式很不明顯，就很難這麼做，所以才說要有一定程度的明顯。雖然有資料的本質部分，但是將看得出來的部分當成線索，調查隱藏的性質」

「這就是機械學習嗎？」

「這只是得到資料，然後簡單地進行分析的題目，與推測美麗度或能否收成這種輸入資料，然後對照輸出結果的監督式學習不同。這種能否重現得到的資料，找出其他格式的問題是被分類為非監督式學習」

「非監督式學習嗎～。調查各種資料似乎有用？」

「是的，記錄客人來店裡買了什麼商品，然後調查下一位客人屬於何種模式的人，就能了解這位客人可能會買什麼，也能更有效率地推薦商品。換言之就是預測客人的行動」

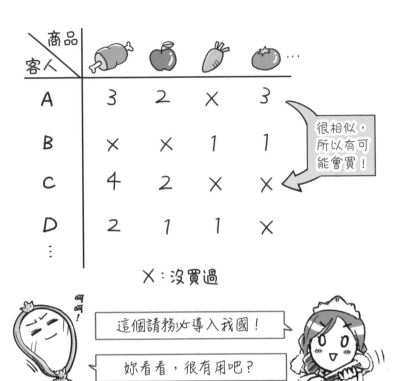

X：沒買過

 「明明沒有了解那個人的每件事，居然能預測未來，你真的是魔鏡耶！」

 「現在妳才知道啊！」

資料的本質

由於計測機器變得小型又便宜，所以現在也能隨時取得大量資料。

舉例來說，在智慧型手機安裝加速度感測器之後，可在某種程度之下了解使用者的姿勢，也能利用 GPS 取得使用者所在位置的座標，而且計步器這類裝置也朝著取得使用者健康歷程的方向進化。分析這類的大量資料，應該就能掌握使用者的狀況。

如果能取得如此大量的資料，應該就能得到更多的發現。例如，深度學習這類使用多層神經網路的複雜網路，就是將擁有多個參數的模型套用在大量的資料，藉此找出新發現。若是遇到難以預測的現象，即使不知道資料的本質為何，也可以先建立模仿該現象的模型，然後預言「接下來可能會發生什麼事」，光是能做到這點，就已經很有價值了。

如果想更了解資料的本質，多層神經網路這類複雜的構造有什麼意義嗎？將複雜的模型套用在複雜的資料時，有時根本無法了解套用的結果有什麼意義，所以這樣的學習真的有意義嗎？

想要更了解資料的本質時，利用取得的資料分析結果的成份是非常重要的一環，而且更重要的是要以盡可能簡單的模型套用在資料上，而不是使用複雜的模型。

多層神經網路隨時都要避免發生過擬合這種過度吻合的現象，所以參數很多，才能具有能套用在各種資料上的表現力。若能替這類資料建立複雜度恰到好處的模型，應該就能了解資料的本質了。

「聽了這席話之後,有種先利用多層神經網路套用資料再說,過程中不用太過努力的感覺」

「嗯,妳是在說模式存在時的事吧?」

「對呀對呀。找到這個模式反而比較重要吧?因為就像你剛剛預測客人會在店裡買什麼的比喻,這就是存在著某種模式的意思吧?這次要預測的收成也一樣,比起知道哪個地區能收成,似乎還能找出為什麼該地區能收成的原因對嗎?」

「妳說得一點也沒錯。假設能透過多層神經網路進行識別或迴歸分析,那麼思考這個過程能帶來什麼幫忙是非常重要的。舉例來說,即使能建立計算美麗度的系統,這套系統又能正確計算,又不見得就能知道那個人為什麼是美人」

「因為一堆特徵值混在一起,就會變得很渾沌不明」

「就是這麼一回事。『到底該怎麼做才能變美?』將各種特徵值混在一起,然後輸出美麗度的數值,也無法有效地回答這個問題」

「取得美人的資料,然後找出藏在資料裡的特徵值,再從特徵值找出模式才是重要的。我想了解美麗的祕訣!!」

「妳說得很正確。例如把美女的資料排成陣列，然後找出資料裡的模式，然後再以『自己有多符合這個模式』的角度思考美麗度，就能了解自己的不足之處，然後進一步在生活之中彌補」

「這樣不是很厲害嗎！收集健康的人的資料，然後把資料排成陣列，就能找出那個人這麼健康的祕訣了吧！」

健康的人	運動	飲食	蛀牙		模式
	常運動 3	食量小 1	沒有 3	...	A
	常運動 3	食量大 3	有幾顆 2		B
	偶爾運動 2	食量小 1	沒有 3		C

$$ = 2 \times \boxed{A} + 0.1 \times \boxed{B} + 0.25 \times \boxed{C} $$

我的健康模式偏向 A 嗎！

找出資料的模式說不定就能在某處派上用場？

「這是不錯的想法啊，我覺得收集很多資料，然後我們人類該從這些資料學習什麼，也是很重要的事情」

「（說什麼我們人類……，這傢伙算是人類嗎？）」

「機械會隨著洗練的機械學習方法越變越聰明，電腦也會學習各種事物，變得有辦法預測未來。這就是監督式學習的方針。除此之外，**分析這些資料**，得知我們人類該學習哪些事物的非監督式學習也很重要喲」

「可、可是，這都是機械學習嗎？」

「就從資料學習這點來看都是一樣的，只有能否進行預測這點不一樣。監督式學習具有讓機械變得聰明，然後取代人類的傾向，而非監督式學習的重點則是從特徵值找出人類也能了解的模式，或是針對資料進行分組或群集分析，也就是讓人類變得更聰明的使用方法。

「原來如此，那沒有機械與人類都變聰明的方法嗎？」

「的確，利用各種特徵值導出美麗度或能否收成的函數，的確只能讓機械變得聰明。不過這些函數一定很複雜，而且又與各種因素有關，人類或許很難理解，不過也有辦法詢問『判斷美麗度或能否收成時的重點』」

「這樣真不錯耶！士兵或家臣們來報告的時候，要是說得很長，我就聽不懂他們在說什麼」

「不會吧！」

「對啊，在用於迴歸分析或判斷的特徵值之中，到底什麼是最重要的？先建立這個前提，然後把不太重要的特徵值的權重設定為零唷」

「可以這麼做嗎？」

「做過頭當然是不好啦。雖然縮小誤差函數可讓參數最佳化，但此時可先指示僕人，先將大部分的參數設定為零」

「意思就是在調整推桿時，將接近零的推桿直接設定為零。由於是在縮小誤差函數時這麼做，所以在輸出值符合資料的範圍內，會只有不太重要的權重變成零」

「變成零的意思，代表該特徵值與誤差函數沒什麼關聯性嗎？」

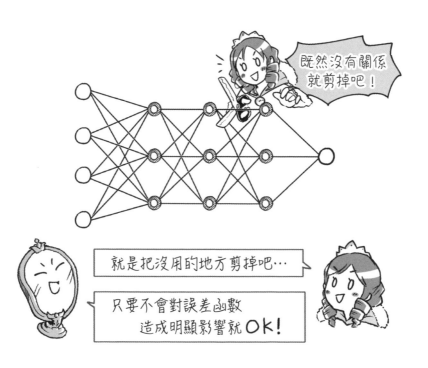

「如此一來，剩下的特徵值以及這些特徵值組成的組合就非常重要，而這個過程就稱為**特徵選擇法**」

「那麼在建立美麗度的函數時，若是先把某些權重設定為零，應該就能了解美麗的祕訣了吧？」

「嗯，乍看之下，資料好像很複雜，但是為了套用在資料而建立的模型更複雜，是人類無法了解的構造。不過，我們的內心還是暗自期待這些事物之中藏著簡單的規律。因此，將不太重要的因素設定為零的這項技術才能派上用場」

「原來如此，這樣的話，我們也能了解美麗的祕訣了，真是不錯啊！」

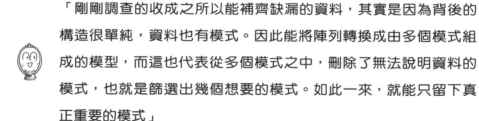「剛剛調查的收成之所以能補齊缺漏的資料，其實是因為背後的構造很單純，資料也有模式。因此能將陣列轉換成由多個模式組成的模型，而這也代表從多個模式之中，刪除了無法說明資料的模式，也就是篩選出幾個想要的模式。如此一來，就能只留下真正重要的模式」

「關鍵字就是設定為零，讓資料變得更單純吧」

「沒錯，就是為了掌握資料的本質才設定為零的。這種大部分為零的狀況稱為稀疏，而這類的方法論又稱為**稀疏模型**，是全世界正在研究的技術喲」

稀疏性與人類的直覺

　　日本新年會玩一種叫做「福笑」的遊戲，只是最近比較少見了。這個遊戲就是隨意拼湊五官，藉此組出新的臉孔。這個遊戲的趣味在於只要稍微改變眼睛、鼻子的位置或角度，就會組出好笑的鬼臉。

　　從「福笑」這種創意遊戲想出的就是**非負矩陣分解法**。所謂的非負，指的是操作數字時，不會使用負值，換言之就是只進行加法。由於「只能」使用非負值，所以只能使用加法。

　　接著請大家想像一下，用筆畫臉的過程。一開始先繪製臉的輪廓，接著畫眼睛、鼻子、嘴巴，感覺上就像是在進行加法一樣。大家應該已經發覺，像這樣逐步添加五官，就能組成一張臉。

　　如果也能使用減法，會有什麼結果？一邊用鉛筆畫五官，一邊用橡皮擦擦掉多餘的部分就算是減法的一種。如果能使用減法，就能無限次地進行細部修正，所以能邊畫邊擦，正確地畫出整張臉。

　　筆與鉛筆的不同能使用「非負」這個字眼呈現。若是只能使用加法，那麼為了畫出臉龐，就必須盡可能以最少的步驟繪製。

　　一旦加上「非負值」這個條件，必要的模式就會減少，換言之就是剛剛提到的稀疏。

　　人類是以什麼樣的感覺辨識臉龐呢？一般來說，就是先覺得很像某個人的臉，然後再覺得眼睛跟某個人的很像，最後再看出嘴巴的形狀，感覺上就像是一種累加的辨識過程。從這點看來，人類的認知方式說不定藏著所謂的稀疏性，而為了獲得近乎人類的智能，機械學習又該如何進化呢？

第**6**章

映出美麗的鏡子

皇后與勤勞的侍女

　　建立美麗度系統，又進一步建立收成預測系統的皇后就這樣過著等待資料送來的日子。

　　雖然士兵與僕人們都知道魔鏡的事，但今天只剩魔鏡跟皇后兩個，而且看起來有點愁容。

　「唉～不知道是不是最近太過努力，皮膚變得好糟喔」

　「不是也有點年紀了？熬夜可是不行的喲」

　「你就別管我了吧～」

　「請妳為我著想一下，得一直看著皇后的是我耶」

　「什麼意思啊你！咦，等等，一直看著是什麼意思？」

　「咦？就是仔細地記錄啊？」

　「咦～～怎麼會有這種功能！」

　「那當然是因為資料很珍貴啊，而且說不定日後會派上用場」

「你還真是個仔細的人耶。讓我看看吧，我以前的臉」

「大概就是這樣啦。那時候還真是年輕啊」

「一副稚氣未脫的樣子，不過肌膚真的很嫩。唉～」

「像這樣保留影像資料是很有用的喲」

「咦？可以從中學到東西嗎？」

「當然啊，只要有資料，就能從中學到特徵」

「那，也可以知道肌膚的彈性囉？」

「是沒辦法知道這種東西啦，不過倒是可以從圖片知道滑不滑順喲」

「如果能知道滑順度，就等於知道皮膚糟不糟了啊！」

「也、也是啦，那要試著分析看看嗎？」

「試做看看？又要推動很多推桿？」

「這個分析不用推動那麼多推桿就能完成」

利用磁鐵進行機械學習？

小時候大家應該都有玩過磁鐵。用來調查方向的指北針就是使用這個磁鐵製作。被稱為磁鐵的是以鐵為代表的金屬。

大家可知道，有些金屬裡有方向不同的小磁鐵這件事？像磁鐵棒這種擁有超強磁力的磁鐵，就是很多方向不同的小磁鐵朝向同一方向，才能組成磁力這麼強的磁鐵。

為了了解這種磁鐵而想出來的模型就是**伊辛模型**，這是在調查物質的物理學世界誕生的模型。

其實這個伊辛模型與第 3 章介紹的霍普菲爾神經網路有驚人的異曲同工之處。

伊辛模型假設有兩個朝上與朝下的磁鐵存在，希望讓金屬裡的小磁鐵都能整齊地排列，也假設這些小磁鐵不能隨意朝向任何方向，必須與隔壁的小磁鐵朝著相同的方向。如此一來所有的小磁鐵就會朝向相同的方向。

不過，如果若是讓這些小磁鐵在一開始朝向不同方向，就必須不斷地重複「旁邊的磁鐵是往上，另一邊的磁鐵是往下，那中間這個磁鐵該往哪個方向呢？」這種步驟，讓每個小磁鐵找到自己的方向。

當磁鐵的方向逐步更新，最後就會變成所有的小磁鐵的方向都彼此吻合，而這種動向與雙向神經網路的霍普菲爾神經網路簡直一模一樣。

因此，許多物理學者在霍普菲爾神經網路發表後，紛紛投入機械學習的領域。

舉例來說，「感知器或支持向量器能辨識多大規模的資料呢？」這種尋機械學習極限的研究，就是利用物理學與機械學習這種意外的關聯性推動。

玻爾茲曼機械學習的影像處理

 「那，這次是能做什麼的介紹囉？」

 「從臉部圖片了解滑順的程度，就能了解鄰接的像素之間有什麼關係」

 「像素？」

 「就是像素。顯示圖片時，會像下面這樣切成很多個小方塊，然後顯示顏色。這種小方塊就稱為像素」

 「啊，仔細一看，的確有小方塊耶」

「對吧，要根據資料調查這些像素容易出現哪些顏色」

「原來如此，意思就是要調查這些小方塊容易出現哪些顏色吧」

「用艱澀一點的字眼來說，就是**調查機率**的意思」

「機率？就是有關骰子的那個嗎？」

「是的，**1** 點有多麼容易出現，**6** 點又有多麼容易出現就是機率。應該有在學校學過吧。這次也一樣，要調查的是手邊若有 **100** 張圖片，其中這個像素會出現幾次哪些顏色的傾向」

「調查之後又怎麼樣？」

「就能知道這個像素容易出現什麼顏色的性質啊。看了很多張大頭貼之後，就會知道左下角與右下角比較常出現膚色，而上面則以髮色居多」

「然後呢然後呢？」

「就能打造出**自動產生大頭貼**的機械喲」

「咦～～好厲害啊！」

「簡單來說，這台機械可以學習顏色的出現傾向，然後輸出常出現的顏色。如果每個像素都顯示常出現的顏色，因為我只看著皇后的臉，所以大概會顯示像臉一樣的圖片」

「那如果我不在，你也可以隨便顯示大頭貼的圖片囉？」

「這是當然囉。要是有人覺得我是面鏡子，然後不斷地打量我，我就會顯示皇后的影像，跟他們玩一玩」

「拜託不要隨便做這麼恐怖的事啦！」

「不過，你剛剛說是讓每一個像素顯示適當的顏色吧？這樣不是有可能會組成不成大頭貼的圖片？」

「是的，妳的觀察很敏銳。我有時會看著天空，所以偶爾會出現一部分是臉，一部分是天空的圖片，看起來很亂七八糟」

「太可怕了吧！快住手！這樣什麼忙也幫不上啊！」

「不會啦，就實作的層面來看，如果某個像素是膚色，那麼旁邊的像素也比較容易是膚色吧？」

「總之不會是天空的顏色啦」

「我也會先把這種與相鄰的像素有什麼關係的部分學起來」

「這樣啊，也就是觀察大頭貼的圖片，然後找出膚色旁邊通常是膚色的傾向吧」

「某個像素容易出現某種顏色或是這個像素是膚色的話，旁邊就有可能會是膚色。這種根據位置設定關聯性的模式，然後不斷地生產圖片的東西就稱為**玻爾茲曼機械**」

「玻爾茲曼？」

「這是人名啦。給玻爾茲曼機械看圖片的資料，然後依照這些資料，學習圖片實際的特徵，哪些像素容易顯示哪些顏色，相鄰的像素又有哪些關聯性，就稱為**玻爾茲曼機械學習**」

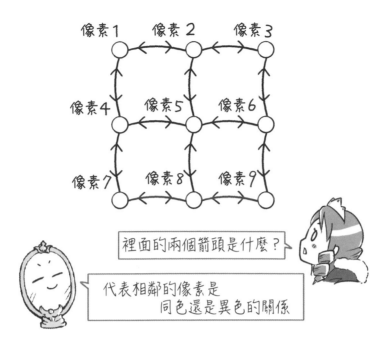

裡面的兩個箭頭是什麼？

代表相鄰的像素是
　　　同色還是異色的關係

「如果皮膚不光滑的話，會有什麼傾向？」

「那應該是相鄰的像素出現同色的傾向比較弱吧？」

「也是啦，因為像月球表面一樣」

「所以調查平滑度才有意思啊」

「原來如此，那我們就調查看看吧」

「照慣例，我先準備了推桿。這個推桿代表出現相同顏色的強度參數。其他的推桿則代表每塊像素容易出現哪種顏色的傾向」

「推動這些推桿，讓誤差縮小就可以了吧？」

「就是這樣，玻爾茲曼機械學習會使用**似然函數**」

「咦，這是什麼？」

「似然啊，就是最相似的意思」

「最相似，所以越大越相似囉？」

「是的，這跟縮小誤差是一樣的意思，也就是比對自訂模型輸出的臨時資料是否與實際的資料相似」

「我大概知道什麼是自訂模型，但是那個臨時資料又是什麼啊？」

「呵呵，妳問了好問題耶！是的，玻爾茲曼機械會自行建立臨時的資料，這過程就稱為**採樣**」

「喔～之前測量美麗度或判斷能否收成時，都沒做過這件事耶」

「其實在這兩種情況下，也有偷偷地在內部進行這種計算喔！我們建立了『請這樣計算美麗度』的函數對吧？然後利用這個函數計算美麗度」

「所以就這次的情況而言，光是內部計算是無法完成計算的嗎？」

「就是這麼一回事。以玻爾茲曼機械學習大頭貼圖像的情況而言，不能只是符合大頭貼圖像，而是要符合大頭貼圖片具有的**傾向**對吧。所以不試著輸出資料，就不知道是否符合該傾向，也才因此試著輸出臨時的資料」

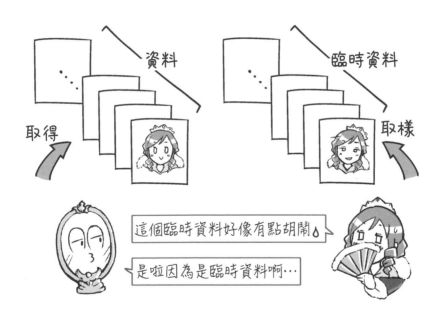

「意思是在中途看很多大頭貼圖片？」

「就是這個意思。也是因為這樣，玻爾茲曼機械學習才得耗費這麼多時間」

「咦～是這樣嗎？一直輸出大頭貼圖片不就好了？」

「不要說得那麼簡單好嗎。要根據小塊的像素會出現哪種顏色的傾向輸出適當的顏色，而且還得讓像素的顏色與其他像素相符。為了調查美麗度與收成而建立的神經網路會在輸入資料後，讓資料單向地往輸出的方向前進。這種神經網路就稱為**順向神經網路**」

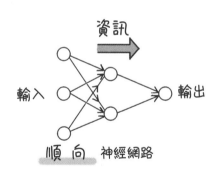

「這個玻爾茲曼機械學習則是使用**雙向神經網路**。從某個像素向外散播『我是某個顏色喲』的資訊時，也會從其他像素接收到『那我是什麼顏色喲』的資訊。然後一邊互相討論該是什麼顏色，再根據周邊的意見調整」

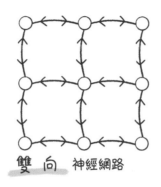

雙　向　神經網路

「這樣啊，必須注意膚色的旁邊是膚色這個規則嗎？」

「就是這樣。注意相鄰的像素以及再相鄰的像素，然後再注意相鄰的像素，以這種的模式一直輪替下去」

「可是啊，隔壁的隔壁的隔壁不是沒什麼關係嗎？」

「嗯，離得越遠當然越來越沒關係，所以只需要注意非常接近的像素就夠了」

「那這次不能只注意接近的像素就好嗎？」

「從臉形來看，看起來像大圓形才像是臉吧？所以只注意接近的關係，可能得不到理想的結果」

「的確，這次只注意接近的像素，可能不太理想」

「若真的想使用玻爾茲曼機械學習，可使用**馬可夫鏈蒙地卡羅法**，逐一考慮相鄰像素之間的關係，執行道地的雙向神經網路的資訊存取。不斷地在所有像素執行這個方法，**不斷地存取資訊**，然後把中途得到的資訊當成臨時資料使用，也就是在中途採樣」

「要正確地計算時，可使用這個方法對吧？可是好像很花時間吧」

「是啊，這是很花時間的方法。如果想要單方面地接收來自相鄰像素的資訊，可使用**平均場近似法**。這個方法能縮短計算的時間，但也因為只是從相鄰的像素接收資訊，所以性能也有限」

「那能不能稍微認真一點，讓相鄰的像素互相傳遞資訊呢？」

「這就叫做**信度傳播法**」

「還真的是有很多演算法耶。這種方法的效果如何？」

「比想像中快很多喔，但是性能還是有限，不過比平均場近似法快一點」

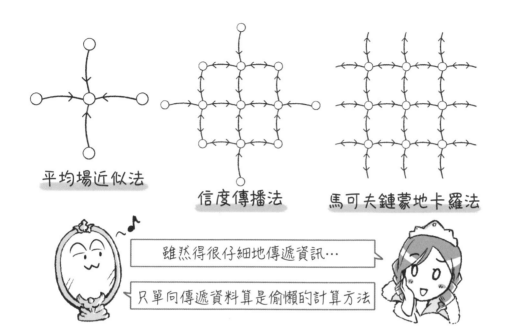

平均場近似法

信度傳播法

馬可夫鏈蒙地卡羅法

雖然得很仔細地傳遞資訊⋯

只單向傳遞資料算是偷懶的計算方法

「我一聽到性能有限就覺得很不安。我們用馬可夫鏈蒙地卡羅法正確計算吧！」

「我知道了啦。之後不能反悔喲？」

「推動推桿，然後讓似然函數上升就可以了吧？」

「就是這樣。我準備好了喲，開始吧～」

「那我先從這個推桿開始。我要試著改變代表相鄰像素顏色相同的參數囉」

「Waiting…Waiting…」

「怎、怎麼了？魔鏡你沒事嗎？」

「Waiting…Waiting…」

「咦～壞掉了嗎？怎麼辦啊！！」

「Waiting⋯Waiting⋯」

「魔鏡啊魔鏡！你有聽到我說話嗎？」

「請暫時不要跟我說話啦！而且妳一直搖我，我會壞掉喲！我可是很努力在計算耶！」

「還好沒壞掉！太好了」

「我剛剛不是說過了嗎？就是會花很多時間計算啊！」

「而且推桿不會只動一次！」

「對啊，只要推動一次，參數有所變動的話，就得全部重新計算喲。採樣的結果也會跟著改變，所以玻爾茲曼機械學習就是這麼麻煩啊！」

「沒有辦法解決嗎？這根本沒有辦法派上用場！」

「要改成平均場近似法嗎？」

「可是這樣不就算不出正確答案？我不喜歡這樣！」

「聽好，有時候就是得務實一點」

「等等，你剛剛說馬可夫鏈蒙地卡羅法會考慮所有相鄰像素之間的關係對吧」

「嗯，會不斷地執行，直到所有相鄰像素都彼此吻合。所以很花時間」

「採用平均場近似法的時候，會單方面地從相鄰的像素接收資訊，到底會接收到什麼資訊呢？」

「就是相鄰的像素是什麼顏色的臨時結果。根據這個臨時結果判斷『相鄰的像素該是什麼顏色比較好？』，然後不斷地進行調整。大概就是下面這種感覺」

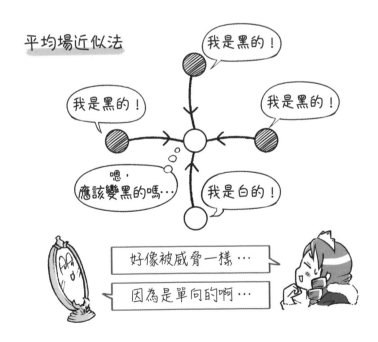

「不能從實際得到的資料問嗎？」

「哦～意思是要推出臨時的資料時，不要從相鄰像素的臨時資料詢問，而是『從相鄰像素的實際資料以現在的參數預測中心點的顏色』嗎？這的確是可行的方法喲」

「太棒了！我真天才！」

「這個叫做**最大似然法**，是早就為人所知的方法」

「你說什麼！！」

「不過最近特別受到注意喲。這雖然是 1970 年代就存在的方法，但是能用於學習的資料非常多的話，這就是正確的方法，所以最近才如此受到青睞」

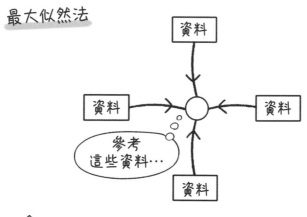

最大似然法

如果有很多資料，就有很多結果耶

這些結果可代替採樣

「那這次該怎麼做呢？」

「如果是皇后的臉部資料，我這多到都臭酸了，精準度一定非常之高喲」

「臭酸這個字眼聽起來真不舒服！話說你到底拍了多久啊？」

「當然是每天拍啊。不過還是得偶爾刪除，否則儲存空間會不足喲」

「跟蹤狂也汗顏啊！」

「那就讓我們使用皇后最近的影像資料進行玻爾茲曼機械學習吧」

「推桿變輕了耶。這是最大似然法的效果？」

「是的，因為可瞬間建立臨時的資料。使用玻爾茲曼機械學習比想像中務實喲」

「接下來就是繼續推動推桿，讓似然函數變高吧。看我的！」

「氣勢不錯耶，大致上就是這麼一回事」

「這個參數的數值可說是代表我最近的皮膚狀況吧」

「是啦，為了比較，讓我們使用皇后不久之前的影像資料吧」

「那只要再執行相同的步驟就可以了吧？那你等一下，我先寫好指令表，再拜託僕人們做」

「這真是不錯的想法。只要先決定演算法，誰來做都是一樣的」

「好的！比較剛剛得到的參數與這次出現的參數之後…」

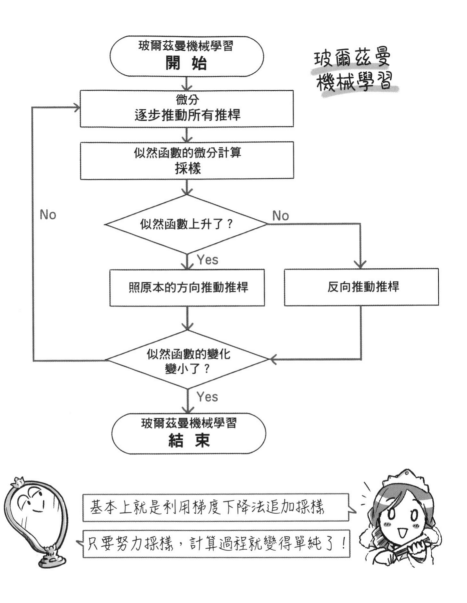

基本上就是利用梯度下降法追加採樣

只要努力採樣，計算過程就變得單純了！

「這樣就能知道我的肌膚有多麼鬆弛了嗎？」

「啊，妳自己承認鬆弛了！」

過了一陣子，皇后一收到僕人們推動推桿後的數值報告就整個大暴走。

玻爾茲曼機械學習裡的玻爾茲曼是人名，原文是 Lutwig E. Boltzmann，也是建立統計力學這個領域的人。

統計力學就是根據金屬是細小磁鐵的集合或是物質是由原子、分子這類小粒子所組成的事實，藉助統計的力量預測世上事物動態的手法。統計力學建立了現代物理學的支柱，鞏固了現代物理學不可動搖的地位，而且現在這個領域也仍持續成長。

反觀機械學習是收集大規模資料，藉此預測事物動態，所以這兩種學問可說是具有類似的方向性。一如組成物質的元素為原子或分子，呈現這世上種種事物的元素也是一筆一筆細微的資料，因此兩者之間真的存在異曲同工之妙。

統計力學的有趣之處在於原本只是處理原子或分子的位置、運動量這類動態資訊，但使用統計之後，就能辨識出集合體的特徵。原子或分子這類小顆粒的數量非常龐大（據說有亞佛加厥數 6.02×10^{23} 個這麼多），要觀察每個原子或分子的動態資訊可說是不可能的任務，但是若藉助統計的力量，就能在平均值或變異數這類極少的數字套用物質的動態特性，也能只擷取重要的資訊。

在機械學習也有類似的情況。位置與運動量這類資訊本身本來不具意義，只有在多個特徵值交互相關之後才開始具有意義。解開最佳化問題，就能將這些彼此相關的特徵值轉換成函數的格式。

根據大量的原子或分子的位置與運動量算出的平均值或變異數在統計力學的世界裡，會自然從普遍的機制之中出現，而在機械學習的世界裡，重要的特徵值會透過不同的問題設定以及不同的最佳化問題浮現。這就是以自然為對象的物理學、統計力學與操作資料的機械學習之間的最大差異。

「啊～～我真的好受打擊啊～～…」

「給我認清現實，現實啊」

我的肌膚…
一直在老化嗎…？

是啦是啦，
應該是啦。

「嗯～我說啊，我怎麼受得了只憑相鄰像素之間的關係，就能知道肌膚狀況這回事。對啊，就算是相鄰，上下左右還有斜向的像素也都有相關不是嗎？而且更遠的像素也應該有關係才對吧？關聯性應該更廣更複雜啦」

「開始無理取鬧了嗎？這不就是要換個模型的意思」

「可是啊，一開始也不知道哪個參數比較重要或是必要吧？推測美麗度的時候，也是先利用參數建立多層神經網路，也把各種特徵值搭配成不同的組合啊？相較之下，玻爾茲曼機械學習不會太過單純嗎？」

「我剛不是說過，要是執行道地的玻爾茲曼機械學習，那可是很麻煩的事喔！使用馬可夫鏈蒙地卡羅法計算真的很花時間啦！」

「但是還有最大似然法不是嗎？而且計算時間也能算是問題吧？」

「相對的，這需要很大量的資料喲。而且要計算的不只遠處的像素或 2 個像素之間的關係，可能還得計算 3 個像素之間的關係，雖然可自行建立模型，但是結局就是沒辦法簡單地計算。尤其得耗費很多時間計算，又需要更大量的資料，精確度也會下滑」

「可是我就是沒辦法接受只用與相鄰像素之間的關係說明肌膚狀況這回事嘛。難道沒有建立複雜的模型，然後精確度更好，計算更簡單的方法嗎？」

「得花大量的時間計算這點是無可改變的，這就是複雜模型的宿命」

「那簡單的模型到底有什麼用啊，沒辦法像多層神經網路的時候做些調整嗎？例如組合特徵值這類調整」

「嗯，其實啊…」

「啊，等一下，我現在正在思考」

「呃，遵命」

「以現在來看，特徵值就是像素的值，也就是顏色。圖案或是圖片就是這些顏色形成的複雜組合，所以除了相鄰的像素彼此有關，連遠處的像素也有所關聯吧」

「……」

「原本就很奇怪啊。雖然會顯示臉部的圖片，卻因為偶爾看著天空，所以會顯示天空的圖片。這樣豈不是不知道會顯示什麼？」

「說的也是沒錯啦…」

「你給我閉嘴！！**應該要有個開關**，開啟時顯示臉部的圖片或是天空的圖片才對吧」

「哦…」

「所以我才叫你閉上嘴啊。就算是臉，也有這裡是眼睛、嘴巴、鼻了，每個部分都有不同的圖片，這些組在一起才算一張臉，現在做的不過是直接看著臉而已。難道不能分成不同的部分輸出圖片嗎？喂，你有沒有在聽啊？」

「妳不是叫我閉嘴…」

「吼～～回個話可以吧？」

「是是是，妳是說將圖片分成不同部分的模型對吧？」

「對，這就是我想要的。因為你說要使用相鄰像素或兩個像素的關係，建立盡可能簡單的模型，所以我才想到這種方式的」

「願聞其詳」

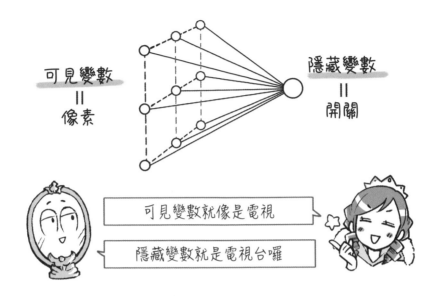

可見變數
＝
像素

隱藏變數
＝
開關

可見變數就像是電視

隱藏變數就是電視台囉

「輸出這個圖片的部分雖然都相同，但不需要思考相鄰像素的關係。只需要在每個像素輸出顏色這點，很像是電視吧。電視的構造就是從後面指示要顯示什麼影像對吧？為了要顯示影像，所以與後面的開關連接著」

「哦～～這個國家有電視啊？世界觀要崩壞囉」

「在開關打開之後，為了要顯示臉部影像，要在顯示影像的像素顯示臉部的顏色。重點不在於像素之間，而是開關與像素之間的關係」

「就像是讓相鄰像素顯示相同顏色一樣，打開開關後，就顯示某些顏色的意思？」

「這做得到嗎？」

「做得到喲。只要巧妙地安排開關與像素的關係」

「很困難嗎？」

「很簡單啊。一下子就能辦到」

「我就知道。基本上與使用兩個像素之間的關係是一樣的吧？」

「因為是開關與像素之間的關係啊。不過，這個開關不是像素，所以功能不同。不能當成影像看待對吧？」

「對啊，沒辦法這麼順心如意嗎？」

「可以啊，這個叫做**隱藏變數**，是近來創意的核心喲」

「隱藏變數？？」

Column 變分原理

　　剛剛介紹了機械學習與統計力學的相似處與歧異處，但是為什麼在統計力學的世界裡，猶如大規模資料般的原子與分子的動態，能自然地套用在極少數的數字呢？

　　物理學有所謂的**變分原理**。以牛頓運動定律這類決定物體運動的方程式而言，只要物體的起點與終點的樣子確定，這個運動方程式就以**最小作用量原理**決定，而這個最小作用量原理則是可找到動能與位能的差為最小時的路線。從讓某個事物化為最小的這點來看，大自然的確在解決某種最佳化的問題，而在物理學的世界裡，則是透過觀察物體動態的牛頓定律找到這個事實。

　　其他用於確認小粒子動態的量子力學也可套用最小作用量原理，而這件事也已眾所皆知，結果也得出薛丁格方程式。現在已知，電力與磁力也能套用最小作用量原理，其結果就是導出馬克斯威方程式，而在統計力學的世界裡，集團的動態也可透過變分原理解釋。換言之，解開最佳化問題之後的樣貌，就是我們眼前的世界。

　　在機械學習的世界裡，常常要將誤差函數化為最小，或是要將似然函數化為最大，所以就如最小作用量原理一般，其背景存在著最佳化問題。之所以得處理各式各樣資料的問題能透過演算法找出共通的解決之道，絕對是因為具有相同的背景。

　　物理學是為了了解大自然而開始的學問，而機械學習也應該是為了將資料這個組成新世界的成員當成自然調查的一門學問。資料與原子或分子具有相同討論性質的時代已然到來。

6-4 使用隱藏變數，打造多元世界

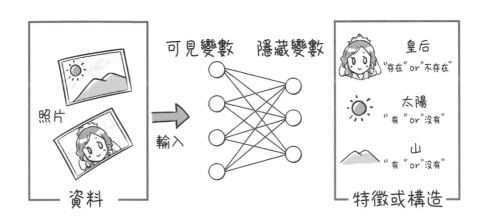

「是的，這叫隱藏變數。相當於影像的部分，也就是能取得的資料稱為**可見變數**，分類為可以看得見的變數」

「相對的，有些是無法當成資料取得的部分，所以這部分成為隱藏變數吧」

「可見變數這邊若是只用像素說明影像，就會變得太複雜喲。人臉或是東西的影像都有形狀，也因為有形狀所以才能辨識出是什麼東西，所以不可能只憑相鄰像素的關係說明對吧。所以背地裡，一定存在著連接可見變數的關係，而這就是藏在隱藏變數裡的感覺或功能」

「那麼只要增加很多個隱藏變數這種開關不就好了」

「是的，只要使用隱藏變數，就能利用資料組成很複雜的構造。以臉部影像而言，剛剛說得是比較簡短，但的確能以眼睛、鼻子、嘴巴這些部分組成一張臉」

「就是這個！我想要的就是能選擇要使用什麼眼睛、鼻子的開關」

「在這種情況下，可先建立多個開關，等到開關打開後，再將可見變數要顯示的內容套入像素與開關之間的關係。如此一來，就只剩像素與開關之間的關係，事情也就不會變得太複雜。限制可見變數，也就是像素之間沒有關係，以及隱藏變數，也就是開關之間沒有關係的這個就稱為**受限玻爾茲曼機械（有限制的玻爾茲曼機械）**」

「總之就是要堅持只有像素與開關之間的關係吧。像素之間或是開關之間沒有關係，就能讓事情變得簡單對吧」

「沒想到妳還挺聰明的嘛，皇后」

「沒想到這句話很多餘，算了，不跟你計較。聊了這麼久，當然會有某種程度的了解啊。雖然簡化成只有開關與像素之間的關係，但還是不太能使用馬可夫鏈蒙地卡羅法吧？」

「那是當然。這個受限玻爾茲曼機械有一個很棒的性質喔，叫做**條件相互獨立關係**」

「怎麼感覺又出現一個很艱深的詞彙啊」

「妳還記得馬可夫鏈蒙地卡羅法的困難之處嗎？」

「嗯，就是與相鄰像素交換資訊，而且是在所有像素之內交換」

「以現在的情況來看，只要打開開關，就會決定要組成什麼影像。反之若關閉開關，也會決定結果」

「因為是透過開關與像素之間的關係決定」

「妳看看，已經結束採樣囉！」

「啊！真的耶，因為只是以開關與像素之間的關係決定」

「反之亦然。這個像素是這個顏色的話，代表某個開關不是開就是關對吧？由於只要思考這件事，所以採樣也變得簡單」

「這時候使用馬可夫鏈蒙地卡羅法就沒關係了嗎？」

「是的，受限玻爾茲曼機械的採樣很簡單，只要使用這個性質，就能替像素的部分，也就是可見變數採樣，之後再對開關的部分，也就是隱藏變數採樣。由於只需要不斷重複上述的步驟所以很簡單。這跟只使用玻爾茲曼機械的情況是大不相同的」

「這樣不是很厲害嗎？可是一開始是怎麼採樣的啊？可見變數與隱藏變數都是我們自訂的不是嗎？」

「的確是啦，一開始採樣時，先在可見變數的部分，也就是看得到的部分放入實際的影像資料」

「原來如此，因為看得見，所以就能利用吧。接著就交互在隱藏變數與可見變數取樣嗎？」

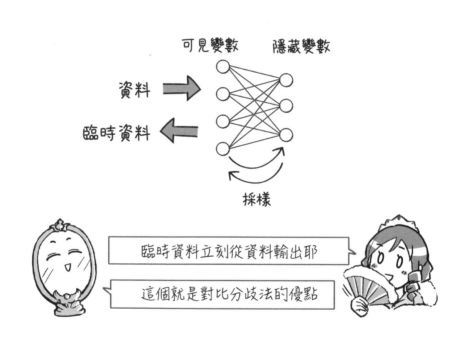

「就是這樣。拿真正的資料與我們自訂的模型所輸出的採樣以及臨時資料比較就可以，所以只需要輸出不一樣的資料」

「那，先在可見變數輸入真正的資料，然後替隱藏變數採樣，再建立可見變數的採樣，然後再將這個採樣轉換成臨時資料不就好了？」

「沒錯沒錯，這個就叫做**對比分歧法**」

「聽起來很厲害的名字耶！」

「正確來說，稱為對比分歧法 **-1**，因為只往返 1 次」

「那往返很多次的話會更好嗎？」

「嗯，因為是參考原始的資料進行採樣，所以不太會與原始的資料不同。若是多次採樣，採樣就會與原始的資料變得不同，如此一來，臨時的資料與原始的資料就能明確地區分出不同，所以這個方法才叫做對比分歧法，對比指的是激烈的差異」

「就是判斷臨時的資料與原始的資料有什麼差異吧」

「就是這麼一回事。不過實際操作後，會知道多往返幾次能建立優質的臨時資料，而且受限玻爾茲曼機械的採樣也不難，所以知道很快就能完成採樣」

「原來如此。不過可以這麼單純嗎？這樣能學會人臉的特徵嗎？人臉有眼睛、鼻子、嘴巴這些部分，而且每個部分不是都不同嗎？」

「說的也是啦，玻爾茲曼機械的採樣很困難，所以才改用受限玻爾茲曼機械。構造的確是簡單沒錯」

「這樣完全沒辦法學習我這張複雜的臉啊！」

「妳的臉有那麼複雜嗎？我不是有說過了嗎，就是這麼一回事啦。這也沒辦法啊」

「嗯～說到底就是沒辦法呈現複雜的人臉嗎？」

「我不是說過我不知道嗎，皇后擁有不錯的直覺，說不定能想到不錯的方法？」

「這、這樣嗎？聽你這麼說的話，我要好好地想一想了」

「皇后意外地容易控制耶」

「你很吵耶，算了，我要自己好好想！」

　砰！！皇后用力地關上門，不知出去哪裡了。

「皇后…，啊，真的生氣了耶」

Column 採樣專用機器登場

玻爾茲曼機械學習在解決最佳化問題時，會在中途不斷地採樣，然後比較資料呈現的傾向與自訂模型呈現的傾向。

由於這個採樣很耗時，所以想出許多類似的解法或捷徑。**對比分歧法**就是其中之一。

雖說是使用受限玻爾茲曼機械，但在大規模資料之前，計算還是很耗時，所以提升計算能力以及改良演算法可說是家常便飯。除了受限玻爾茲曼機械之外，也希望執行讓可見變數合併的玻爾茲曼機械學習以及進一步讓隱藏變數合併的神經網路的學習。

其實從這潮流來看，世界各國開發採樣專用機器的傾向越來越明顯，尤其是將開關只有開與關當成可見變數、隱藏變數，或是與伊辛模型一樣，只處理向上、向下兩種可能性的**伊辛計算機**都不斷地開發中。

尤其是加拿大的 D-Wave Systems 開發的 D-Wave 機器擁有解決最佳化問題功能與採樣這類有利於機械學習的功能，所以目前也當成商品銷售。Google 或 NASA 以及其他美國企業也積極採用中。

日本從以前就有日本人研究者研究伊辛計算機，直到最近，日立製作所的 CMOS Annealing 或 NTT、國立研究所的 Coherent Ising Machine 也陸續開發中。而且日本政府也為了開發這類計算機而開始投入預算，這也成為目前世界的潮流。

6-5　複雜資料的真面目

「玻爾茲曼機械沒辦法直接輸出臉部的構造，因為眼睛也好，鼻子也罷，都是只憑相鄰像素的關係也無法了解的形狀啊。受限玻爾茲曼機械又在背面藏了顯示可見事物的開關。藏在背面啊…」

「皇后，您在這裡做什麼呢？」

「我有個問題想問妳，妳覺得人臉到底是怎麼組成的啊？」

「您在問什麼啊？您沒問題嗎？」

「因為啊，雖然眼睛、鼻子、嘴巴都在適當的位置時，可以組成一張人臉，但是人臉有這麼單純嗎？」

「皇后的眼睛不是既明亮又漂亮嗎？鼻子也是挺挺的（雖然插圖裡沒有啦），嘴巴也是櫻桃小嘴（只是很愛説話）。這是世界獨一無二的美麗臉龐喲」

「是、是這樣嗎？謝謝妳的讚美。是喔，我的眼睛沒那麼單純，是既明亮又漂亮的啊…。咦～～？？」

「您、您怎麼了嗎？」

「雖說是眼睛，背地裡也有決定眼睛類型的開關不是嗎？」

「開、開關？」

「是啊，人臉的後面有控制眼睛或鼻子的開關，或是眼睛與鼻子的後面也有一樣的開關就好了」

「我雖然不太清楚您説的開關是什麼，但我知道皇后您的眼睛與您的父親很相似喲！」

「之所以會相似，是因為眼睛的後面有類似的元素嗎？」

「不知道您是否知道這件事。生物之所以會與雙親長得像，是因為有 DNA 這種打造身體的設計圖，小孩從雙親繼承這個設計圖，而這個設計圖又是父親與母親一起設計的喲」

「我有聽過這個。所以我的眼睛、鼻子、嘴巴都來自父母親，所以才會跟他們很像」

「嗯，父親上面還有父親、母親，母親上面也有父親與母親，回顧族譜就可以知道，皇后您局部繼承了祖先傳承下來的設計圖喲！」

「話說回來，即使是眼睛，後面也應該有錯綜複雜的開關才對。啊，這些開關的前提是不能互相影響」

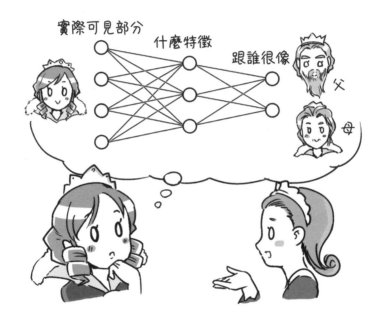

「我很難理解皇后您在想什麼，不過若是討論到底是像父親還是母親的話，那應該具有一瞬間就能看出像哪邊的傾向才對」

「像父親或母親這個問題的確是有能明確回答像哪邊的傾向！」

「實際上或許更複雜，但平常都是這樣想的」

「或許更複雜？我聽到重點了。真的很感謝妳！」

皇后立刻往房間奔去，一進到房間就用力關上門，然後面對著魔鏡。

「啊，是皇后。剛剛真的是對不起」

「沒想到你也會說抱歉⋯。哈⋯哈⋯受限玻爾茲曼機械⋯」

「嗯？受限玻爾茲曼機械怎麼了？」

「對啦，我要用那個建立後面的後面啦」

「受限玻爾茲曼機械的可見變數就是實際輸出資料的部分。隱藏變數就是後面的開關。妳是說要在這個背面的開關的背面再加一個開關？」

「對啊，這樣採樣應該會變得更簡單唷」

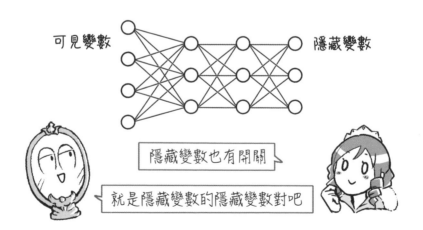

「就是隱藏變數的隱藏變數嗎？這想法不錯啊」

「對吧，不管是眼睛、鼻子還是嘴巴，可見影像的本質以及本質的背後，一定有很複雜的情況。例如 DNA 就是其中一例，但因為不知道有多複雜，所以才要請機器學習。只是得花很多時間學習的話，就不太實用，所以希望盡可能不要太花時間。這時候受限玻爾茲曼機械就派上用場了。如果覺得不夠複雜就算不出可用的結果，那就在受限玻爾茲曼機械的背面再建立一台玻爾茲曼機械就可以了」

「隱藏變數的隱藏變數的隱藏變數對吧。原來如此」

「這些採樣能保有條件互相獨立關係嗎？」

「只要把每台受限玻爾茲曼機械分割開來就沒問題喲。每一層都會進行**貪婪演算法**。不過在中途進行受限玻爾茲曼機械學習時，該怎麼設定採樣的起點才是問題」

「如果是可見變數，就是輸出實際資料的中途，如果是隱藏變數，就是輸出臨時資料的中途。隱藏變數的隱藏變數若是將隱藏變數裡的結果當成起點，能繼續計算下去嗎？」

「當然可以啊。只要重複這個過程，不管是什麼隱藏變數都能採樣」

「這樣不是很完美嗎？」

「這的確是保有計算的方便性，又能反映資料的複雜構造的優質構造喲」

「嘿嘿」

「妳又想起什麼了嗎？」

「我覺得好像有看過這個構造！啊，就是那個啊！多層神經網路！」

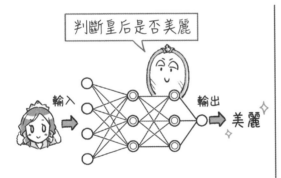

多層神經網路

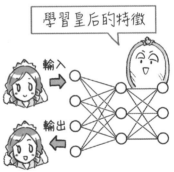

深玻爾茲曼機械

「沒錯，這跟多層神經網路的構造相同喲。輸入的部分是可見變數，隱藏變數則是新的特徵值。不過在這次的情況裡，是更複雜的雙向神經網路。所以可見變數會輸出與資料特徵相似的資料。這就稱為深玻爾茲曼機械（**Deep Boltzmann machine**）」

「在多層神經網路時，可見變數就是可見的特徵值，應該就是年齡與眼睛大小這類特徵值吧？輸入簡單易懂的特徵值，再加上權重與加總，就是能讓東西變得皺巴巴的那個啊」

「是的，就是非線性轉換啊，可以產生新特徵值的方法」

「這跟隱藏變數對應對吧！重複這個步驟，就能變成方便使用的新特徵值耶」

「也就是透過最佳化，執行這個過程呢」

「咦，可是看起來雖然跟多層神經網路很像，最後還需要加上權重、加總以及輸出嗎？也就是輸出是否美麗的結果。應該不需要吧？」

「之後才輸出就好。光是以這台深玻爾茲曼機械學習，本身就具有意義。第一點是透過可見變數看到的圖片成為對象，也就是成為輸入值，而輸入值的背後有隱藏變數這種開關，決定究竟要輸出什麼影像。為了能輸出各種影像，所以隱藏變數必須是複雜又豐富的構造。就這層意義而言，這台深玻爾茲曼機械可在瀏覽這世上的所有圖片後，學習所有圖片的特徵」

「也就是只了解圖片特徵的狀態吧」

「是的，看了狗的圖片就學習狗的特徵，看了貓的圖片就學習貓的特徵。這一定會反映在隱藏變數對吧。只要了解特徵，就能自由自在地在可見變數輸出狗狗或貓咪的影像」

「咦～那麼只要把隱藏變數串聯起來，加上權重與加總，最後再輸出，就能看出該圖片是狗狗或貓咪囉？」

「就是這麼一回事。這就是忘掉原本是雙向，改以單向使用的方法。深玻爾茲曼機械可篩選出新的特徵值」

「就是建立用於辨識或是了解複雜函數的新特徵值喲」

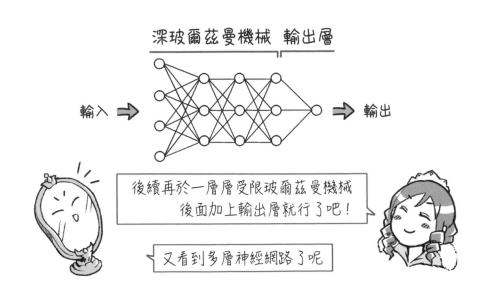

「那只有深玻爾茲曼機械的話，什麼也做不到嗎？」

「若是給深玻爾茲曼機械看這世上所有的圖片或是資料，它就能記住這些資料的特徵。所以像是大腦一樣的東西」

「咦咦咦咦咦咦！你說的大腦是指掌管人類或動物行動的大腦？」

「是啊，人類看到東西時，會為了辨識眼前的影像而將訊號傳至大腦。恐怕也就是透過這個訊號辨識影像是狗狗還是貓咪。雖然映入眼簾時只是影像，但在大腦經過完善的處理後，就能辨識影像的內容」

「透過深玻爾茲曼機械或多層神經網路可以做到這件事？」

「是的，如果是影像的話，就能建立眼睛以及處理影像的能力，如果是聲音的話，就能建立耳朵與聲音辨識能力，如果稍微改良一下，還能建立嘴巴。如果有皮膚粗糙的質感資料，由於這是很棒的資料，只要經過處理，就能了解觸摸的是什麼東西」

「那不就跟人類一模一樣了嗎？」

「是啊，只要利用深玻爾茲曼機械與多層神經網路就能重現這一切」

「咦，這意思是當深玻爾茲曼看過所有的資料，然後再推動大量的推桿，就能做到人類能力所及之事？魔鏡啊，真的是這樣嗎？」

「話說回來，我不是一直這麼說嗎？看到皇后的樣子，然後就辨識皇后回來了？」

「咦？我一直以為裡面有人耶！話說回來，你這傢伙到底是什麼東西啊？」

「雖然皇后在我眼前請來僕人與士兵幫忙，但是我的內部電腦可是自動進行推桿的操作以及其他的計算喔！原理都是一樣的。電腦裡有用於計算的小型電路，可原封不同地重現大家做的事，也因為如此才能安裝模擬人類感覺或大腦的系統，所以才能跟皇后這樣一問一答」

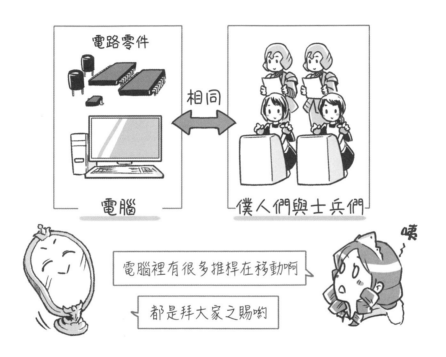

「好、好厲害。太厲害了吧！」

「妳現在才知道啊！當機器能吸收這世上一切的資訊，以及透過最佳化問題進行預測，就能了解這世上的傾向嘍。這就是所謂的機械學習。搭載這種系統的就是我」

「這不就跟人類沒有差別了！」

「對啊，現在已經有利用機械學習模擬人類的感覺與大腦，建立能做出適當反應的系統嘍。之後的問題就是要得到身體，等到機器人技術有了長足的進步，自然就能做出身體吧」

「鏡子要是長手長腳，還真讓人覺得噁心耶」

「蝦米！！」

辛頓先生的意志力

玻爾茲曼機械學習於 1980 年代發表後，立刻被指出計算上的困難，而且當時的計算機性能不足，需要耗費大量的時間計算，所以與其說是檯面上的研究，不如說是不為人知的存在。

玻爾茲曼機械相當於雙向神經網路代表實例的霍普菲爾神經網路的功能擴張版，所以當神經網路研究被冷凍時，玻爾茲曼機械學習的研究也被打入冷宮。

在經過支持向量機、核心函數活躍的時代後，時間進入了 2000 年。

狀況之所以有所改變，是因為導入了受限玻爾茲曼機械以及對比分歧法這種高效率學習法問世，世界也因為深度學習的高辨識率而為之驚愕。

在這些成功之後，總算有人重新檢視玻爾茲曼機械學習的基礎。一如先前的介紹，世人再度將注意力放在機械學習與物理學的共通之處，也不斷地創造出新概念。玻爾茲曼機械學習是由辛頓（Geoffrey E. Hinton）所提出。

辛頓不僅提出玻爾茲曼機械學習，也提出了後續介紹的自動編碼器、對比分歧法以及深度學習這些重要的創意，可說是為機械學習帶來關鍵突破的天才。

1980 年代之後，從玻爾茲曼機械學習的新概念到改良相關的創意都可說是他的研究成果，也因為他的努力不懈，進入 2000 年之後，機械學習才能如此爆發。他很早就將注意力放在隱藏變數的功能與效果，也讓人見識到他的先見之明以及看透本質的才能。

不過，他似乎在神經網路研究進入嚴冬時非常辛苦。長年來的努力也總算開花結果，越來越多人將他的研究成果應用在深度學習的研究上。

第 7 章

只找出臉部的美麗度

眼不見為淨的皇后

這幾天下來…

他們似乎變成好朋友了…

1

對啊對啊…有個好東西要給你看！

什麼啊？

2

鏘！

就是這個女孩！

3

4 要是這樣可以證明我是世界第一美女，那就太好了！

這好可愛的啊！！

對吧對吧

魔鏡什麼都是學習中

7-1 知道世上所有事情的魔鏡

一如最初跟各位讀者公布的一樣，魔鏡的真面目是一台搭載機械學習演算法的電腦。一開始或許會覺得機械學習到底是什麼，但是讀到現在，已經變成會讓人覺得「連這種事情都可以辦得到」的系統。

這台電腦如今已經能夠模仿人類的眼睛觀察圖片，能模仿人腦辨識事物。皇后了解這個宛如現代的魔法後，再次提出究極的問題。

 「要從深玻爾茲曼機械輸出結果，會在最後加上權重以及加總，但還是覺得跟學習多層神經網路的時候有點不一樣」

 「哪邊不一樣？」

 「我記得是為了了解美麗是怎麼一回事而調查很多人的特徵值，然後再問那個人美不美對吧？」

 「是啊，沒錯，這是學習多層神經網路時的方法，也就是監督式學習」

 「可是深玻爾茲曼機械只有圖片，感覺只輸入了特徵值，卻沒問到底美不美」

 「是啊，對多層神經網路這麼做也可以啊，應該說這麼做，性能才會變好」

「咦？圖片美不美也沒關係，只要輸入就好？」

「嗯，這就是非監督式學習」

「不知道到美不美，也不知道美麗的數值，所以沒有正確解答，也才屬於非監督式學習啊」

「就是這麼回事。總之要告訴機械，這世上到底有哪些人存在。這種非監督式學習又稱為「預訓練（Pre-Training）」

「嗯嗯。咦？我記得你跟我說過，要我把美麗轉換成數值啊，難道不知道美麗度也沒關係？那要怎麼讓機械學習呢？」

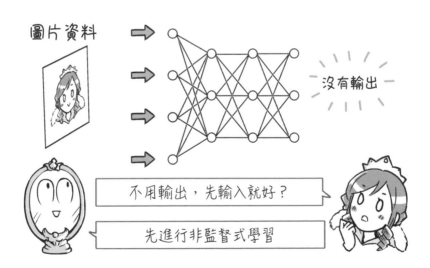

「這問題還真是不錯呢」

「這句台詞有點似曾相識？」

「這也是聽了大家的對話，看了很多電視的學習成果啊。這雖然是非監督式學習的方法，不過方法當然有很多種，接著就介紹最具代表性的**自動編碼**這個方法吧」

「自動編碼？自動什麼？」

「嗯，就是不斷傳回輸入的方法」

「越聽越迷糊？」

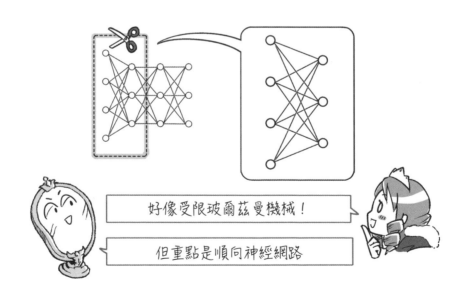

好像受限玻爾茲曼機械！

但重點是順向神經網路

「從多層神經網路之中剪一層下來」

「剪一層，那我先從輸入的部分剪一層下來呢？」

「這樣才好，然後把剪下來的部分倒過來貼在後面」

「這樣嗎？」

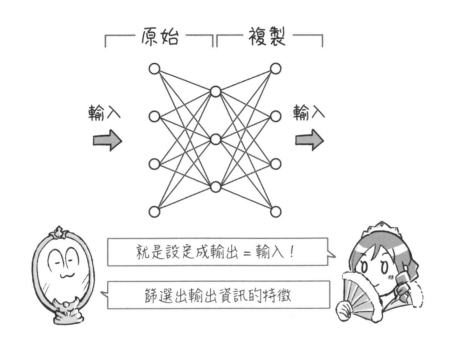

就是設定成輸出＝輸入！

篩選出輸出資訊的特徵

「沒錯沒錯，然後照以前的方式，在這個輸入部分輸入特徵值。如果要計算的是美麗度，就輸入年齡或肌膚彈性這類特徵值」

「接上了相反的神經網路之後，另一側的輸入部分該怎麼處理呢？」

「輸出與輸入相同的東西」

「啊，就是像以前一樣調整推桿，然後輸出與輸入一樣的東西對吧。不過這樣不是會輸出跟輸入一樣的東西嗎？既然沒有任何改變，那有什麼意義呢？」

「但使用的是從多層神經網路切下來的一層。雖然接上了相反的神經網路，但是連接的部分卻不使用」

「這個中間的部分有點像是隱藏變數。這個會怎麼樣呢？」

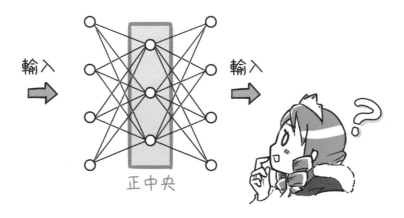

「會變成反映輸入的某個東西」

「某個東西是什麼東西啊！」

「就是特徵值組成的某個東西喲」

「就算說是特徵值組成的，我還是聽不懂」

「能說清楚的部分是這個東西就是輸入的東西變得皺巴巴的結果，不過還能還原為原本輸入的東西」

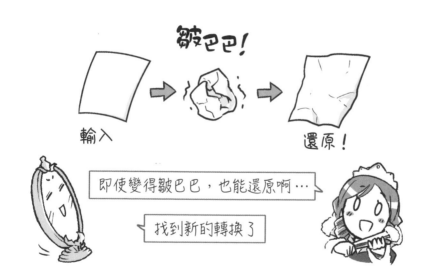

「說到變得皺巴巴，就想到非線性轉換了」

「就是這樣。這就是透過自動編碼，**完美地恢復**原狀的變形方法」

「這意思就是切下來的神經網路雖然已經變得皺巴巴，卻還能停留在原本的形狀對吧」

「說得極端一點，因為能恢復原狀，所以等於以另一個方法呈現原始的輸入值」

「以另一個方法呈現是不是就必須容易**篩選出特徵**？」

「就是這樣沒錯。比起輸入的數量，這種中途的特徵值組合稱為中間層，如果能減少中間層，就能從輸入值篩選出重要的部分。這種減少特徵值數量也稱為**降維**」

「所以即使準備了年齡或肌膚彈性這類大量的特徵值，有時候會用不到囉？」

「也是會有這種時候，基本上會有多餘的資料。記得嗎？在組合特徵值的時候，也只留下真正重要的特徵值啊。如果能正確地恢復原始的輸入值，就代表新的特徵值真的留下了重點，這個也稱為**特徵萃取**。像這樣萃取重要的特徵值，就是透過自動編碼的預訓練進行的」

「雖然還有中間層這類神經網路，但還是能依照相同的方式萃取？」

「是的，**重複萃取特徵值這件事是在多層神經網路進行的。為了讓順利地萃取特徵，才進行預訓練**」

「啊，那一開始先透過多層神經網路學習何謂美麗，先進行預訓練不是比較好嗎？」

「在有很多與美麗相關的資料時，一開始就透過多層神經網路學習也是可以。預訓練屬於非監督式學習，所以能使用不知道美麗為何物的資料。一般認為，這樣可提升多層神經網路的潛在性能」

「這樣不就得改寫演算法的規格嗎？」

「不是那麼困難的事情，所以放心吧」

「不是那麼困難？」

「在中間的神經網路裡，不是第一層的輸入值，而是在前一層的神經網路輸入變形後的資料，再以相同的方式進行自動編碼」

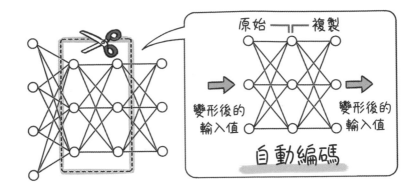

在中間層輸入
各種變形後的輸入值吧！

後面只要重複相同的
事情就 OK 了

「啊，這好像跟使用受限玻爾茲曼機械的時候一樣」

「就是這樣沒錯，基本上跟那個受限玻爾茲曼機械做的事情一樣。在多層神經網路進行這個自動編碼時，若是稍微讓輸入值變動，就會得到與使用受限玻爾茲曼機械一樣的結果」

「讓輸入值變動的意思，就是要輸入奇怪的值嗎？」

「這也稱為受汙染的資料。大量輸入有些許變動的資料，可從這些受汙染的資料之中，掌握資料的傾向」

「啊，之前介紹玻爾茲曼機械時，就提到玻爾茲曼機械會學習資料的傾向」

「是的，所以若使用構造與受限玻爾茲曼機械類似的神經網路學習，當然會得到類似的結果。由此可知，這兩者的概念是相通的」

「所以只要透過預訓練，就能打造出了解世上一切事情的系統囉」

「世界各國已經開始爭先建構這套能廣泛而深入了解世界的系統。只要建立做法，之後只要一直吸收資料就好。意思就是之後只要請僕人們或士兵們不斷地推動推桿與輸入資料就好」

「那我國怎麼能夠落後，總之只要能建立了解世界所有事情的系統，最後就能預測美麗度了吧？」

「就是這樣。『最後要讓這套系統做什麼？』這個部分稱為任務。可根據各種問題設定改變任務的輸出層。例如計算美麗度或是辨識美麗」

「原來如此，那我要建立透過預訓練了解世界的系統，然後什麼都問這套系統就好」

「是的，預訓練的時候可盡可能地廣泛學習，然後依照任務的資料決定性能」

「現在是到中間層為止利用自動編碼進行預訓練，但是最後的部分不用管嗎？」

「最後的部分是依照任務決定輸出的內容，也就是所謂的輸出層。之後只要以最佳化這個部分與中間層為目的，進行**微調**（**Fine-Tuning**）就夠了」

「微調？」

「就是依照任務，例如將美麗轉換成數值或是辨識美麗的任務，微調輸出的結果」

「就是繼續調整推桿的位置嗎？」

「**是的，在最後進行微調**」

「在預訓練的時候稍微調整推桿的位置，建立多層神經網路，再依照任務進行微調。原來如此！」

「也可以將預訓練的結果用在另外的任務。這叫做**遷移學習**」

「原來如此，只要能建立廣泛了解這世界的系統，就能解決各式各樣的任務」

「是的。之所以需要大量的資料，為了進行預訓練，就必須了解這世界。之後的微調則是依照任務進行，所以資料少一點沒關係。這麼做也可以提升多層神經網路的潛在性能」

「那在詢問我美不美麗的時候，也不一定非得調查全國的人民囉？」

「如果能調查全國人民會比較好啦。皇后向所有民眾進行問卷調查，問出皇后到底美不美麗之後，不就連推測都不需要了嗎？從部分的資料推測整體是機械學習的目標，請不要搶我的飯碗好嗎？」

「對、對不起啦」

7-2 魔鏡啊魔鏡、魔鏡先生

「不管是深玻爾茲曼機械還是多層神經網路,都已經能從資料學習藏在事物背後的複雜樣貌了」

「這就是長年來的研究成果啊」

「那我想問一下,如果仿照深玻爾茲曼機械,直接在多層神經網路輸入圖片也可以嗎?」

「啊~完全沒問題啊」

「只要將像素的顏色轉換成輸入值就行了吧。所以只需要給多層神經網路看照片就可以了」

「輸入圖片時,也可以先進行自動編碼這種預訓練,也可以使用已知的神經網路」

「已知的神經網路?」

「嗯,隨著圖片的研究,現在已經有適合分析圖片的神經網路喲。這種神經網路稱為**卷積神經網路**。在輸入圖片時,通常會使用這種神經網路,而不執行預訓練。這是非常適合處理圖片資料的方法」

「這跟一般的神經網路有什麼不同呢？」

「基本上是相同的喲，只是特別適合處理圖片而已。舉例來說，人類看了圖片，辨識圖片是狗或貓的時候，也是看著所有的小像素對吧？卷積神經網路就是在執行這種處理」

「我才沒有注意到這種事呢」

「真的嗎？所以最近只組合具有一定相似度的像素，再將組合的結果當成特徵值使用。這就稱為**卷積**」

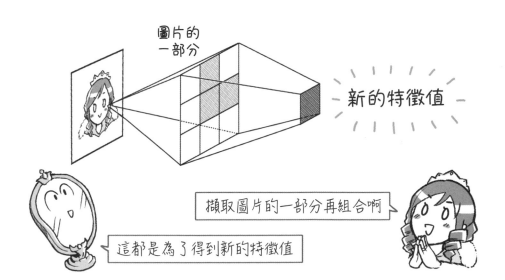

「不能組合圖片所有的像素值嗎？」

「是的，因為是圖片啊，所以知道哪邊有什麼是非常重要的。比起忽略這類相對位置，把所有像素混在一起，還不如將相近的東西先分成一組」

「原來如此，由我們這邊先指定哪裡要與哪裡組合，就是很適合處理圖片的方法呢」

「就是這麼一回事呀。接著進一步思考圖片的特徵。例如眼前有一張狗狗的圖片，就算這張圖片有點誤差，但狗狗還是狗狗對吧？」

「的確是這樣，因為問題在觀察的位置與角度啊」

「所以為了稍微有點誤差也能得到相同的結果，才依照順序排列卷積所得的特徵值，然後比較相近的特徵值，再採用最大的值或是平均值。這個步驟稱為池化」

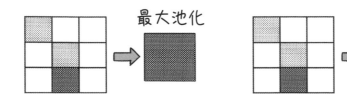

從周圍的特徵值取得最大值或平均值！

即使位置有點誤差，也能得到相同的結果

「先轉換成最大值或平均值的話，就算有稍微誤差，也能確實地得到沒什麼差異的結果吧」

「重複這個過程，可順利篩選出圖片的特徵值。將這個特徵值當成輸入值，然後依照之前的方法，利用全部的特徵值組成多層神經網路」

「在卷積與池化時自動篩選出圖片的特徵值啊。原來如此！」

「也有依照目的或資料的格式，再利用這樣的方法組成的神經網路。不管是哪一種，都能透過種種的組合了解資料的本質。這也屬於深度學習的一種」

「這就是長年研究的成果啊。嗯～～～～給我等一下，這麼說起來，我的想法是對的囉」

「怎麼了嗎？」

「只給機器看照片，就能辨識照片裡的人到底美不美，或是美麗度有多高不是嗎？」

「是啊」

「那根本不用注意什麼特徵值不是嗎？」

「是啊，現在的確是這樣。為了能直接輸入原始的資料，自動萃取出特徵值，現在已經有很多使用多層神經網路，然後能進行這類計算的電腦喲，意思就是有很多僕人。該怎麼學習，又該如何驅使僕人的技巧與技術也有了長足的發展，這就是深度學習的厲害之處。不用注意特徵值也沒關係」

「早期不是這樣嗎？」

「嗯，早期就是利用皇后一開始輸入的資料，也就是由人類決定的特徵值計算，但是根本不知道這類特徵值到底是否真的與目的有關，例如根本不知道是否與美麗有關，所以關鍵在於**能否正確選出適當的特徵值**」

「要是知道哪個適當的話，就不用那麼辛苦了啦～」

「說的也是，所以才會先列出一些可能的特徵值，然後在每種特徵值都可能有關聯性的情況下進行下一步，接著再以這些特徵值的組合進行推測。結果很可能是浪費時間，也有可能根本不如預期，而且以前的資料也不夠多」

「可是現在只需要有圖片就好？」

「只有圖片或是聲音也可以，都有也沒問題。現在已經能從這些資料萃取出特徵值了」

「那不就不用再煩惱選擇適當特徵值的問題了嗎？」

「對啊，不過也會遇到只憑手邊的資料也無法解決的任務吧？這時候就無法從資料萃取出適當的特徵值，但這樣也能了解使用其他格式的資料也比較好，也等於可以得到新的發現。人類懂，但是深度學習不懂的事情還有很多很多，但慢慢地深度學習會克服這一切，不斷地模仿人類做的事」

「我大概知道你能辦到什麼事了。總之就是先吸收各種資料，然後辨識資料的特徵，再自行判斷對吧」

「對啊，我是不是很厲害？」

「所以給你看照片，你就會告訴我那個人美不美對吧？所以你應該能告訴我這世界最美麗的人是誰才對吧」

「啊，妳終於發現了嗎？」

「你應該辦得到吧？」

「嗯，那是當然」

「那我要發問囉？」

「來吧，我準備好了」

「魔鏡啊魔鏡，誰是這世界上最美麗的人啊？」

「…白雪公主」

「你～～說～～什～～麼！！！！！」

　　皇后氣得快抓狂，所以白雪公主的故事就開始了。

劇終。

魔鏡的製作方法（參考文獻）

看完在魔鏡與皇后之間展開的機械學習故事，您有什麼感想嗎？應該有不少人會想要這個什麼事情都能回答的魔鏡吧？這世上有很多介紹魔鏡製作方法的書喔！

接下來介紹一些參考文獻，幫助大家得到屬於自己的魔鏡。

要了解機械學習與人工智慧之前的研究情況以及之後的發展，掌握歷史概要與沿革的話

● 《人工智慧會超越人類嗎？深度學習之後是什麼？》

　松尾豐著、KADOKAWA／中經出版（2015）

讀完本書後，建議閱讀此書。

不擅長閱讀公式的讀者若想簡單地了解機械學習，建議閱讀：

- 《透過插圖學習機械學習－利用最小平方法進行辨識的模型學習》
  杉山將著、講談社（2013）

- 《統計性質的機械學習－基於模型的模式辨識》
  杉山將著、ohm 社（2009）

上述都是適合下個階段閱讀的書。

　　為了像本書的魔鏡一樣辨識誰站在眼前，誰正在說話，就需要使用模式辨識技術。在模式辨識的領域裡，這項技術也會透過機械學習提高精確度，因此，若能閱讀與模式辨識有關的書，就能加深對機械學習的理解，也能掌握得以綜觀全局的關鍵。

- 《簡單易懂的模式辨識》
  石井健一郎、前田英作、上田修功、村瀨洋著、Ohm 社（1998）

- 《續・簡單易懂的模式辨識 —非監督式學習入門》
  石井健一郎、上田修功著、Ohm 社（2014）

- 《第一次接觸的模式辨識》
  平井有三著、森北出版（2012）

下列則是廣泛搜羅機械學習基本內容的書。

● 《統計學習基礎 —資料探勘 • 推論 • 預測》

  Trevor Hastie、Robert Tibshirani 、Jerome Friedman 著、 杉山將、井手剛、神嶌敏弘、栗田多喜夫、前田英作、井尻善久、岩田具治、金森敬文、兼村厚範、烏山昌幸、河原吉伸、木村昭悟、小西嘉典、酒井智彌、鈴木大慈、竹內一郎、玉木徹、出口大輔、富岡亮太、波部齊、前田新一、持橋大地、山田誠譯、共立出版（**2014**）

如果能讀熟這本書，應該就能打造出魔鏡了。

接著希望在有很多負責收集資訊的士兵以及推動大量推桿的僕人們這邊導入深度學習。如果想進一步了解深度學習，下列兩本書應該可充份地為各位讀者導讀。

● 《透過插圖了解深度學習》

  山下隆義著、講談社 Scientific（**2016**）

● 《深度學習（機械學習專業系列）》

  岡谷貴之著、講談社 Scientific（**2015**）

雖然市面有許多介紹深度學習的書，但是想更了解數理相關的訊息或是想廣泛地了解研究，則推薦這本書。

- 《深度學習》

  人工知能學會監修、神蔦敏弘編、麻生英樹、安田宗樹、前田新一、岡野原大輔、岡谷貴之、久保陽太郎、Bollegala Danushka 著、近代科學社（2015）

如果想透過程式設計實踐機械學習的人，則可閱讀

- 《Python 機械學習程式設計─達人資料科學家的理論與實踐》

  Sebastian Raschka 著、株式會社 QUIPU、福島真太朗譯、Impress（2016）

為了讓每個人都能應用深度學習，深度學習的程式庫越來越完善，也有許多書籍介紹這些程式庫的使用方法。

- 《以 Chainer 實踐的深度學習》

  新納浩幸著、Ohm 社（2016）

上述這本書聚焦在 Chainer 這個程式庫，進行相關的解說。由於這是剛開始發展的領域，相關的資訊也日新月異，所以透過網路收集資料也是不錯的方法。

雖然目前還沒有日文文獻介紹能有效萃取本質的稀疏模型，不過已有下面這本譯作。

- 《稀疏模型：l1/ l0 範數最小化的基礎理論與影像處理應用》

  Michael Elad 著、玉木徹譯、共立出版（2016）

這本書的原著如下：

● 《Sparse and Redundant Representations: From Theory to Applications in Signal and Image Processing》
Michael Elad 著、Springer（2010）

邊讀邊練習英文其實挺有趣的。其他與稀疏模型有關的文獻如下：

● 《Sparse Modeling: Theory, Algorithms, and Applications》
Irina Rish、Genady Grabarnik 著、CRC Press（2014）

● 《Practical Applications of Sparse Modeling》、
Irina Rish、Guillermo A. Cecchi、Aurelie Lozano、Alexandru Niculescu-Mizil 編、CRC Press（2014）

● 《Statistical Learning with Sparsity: The Lasso and Generalizations》
Trevor Hastie、Robert Tibshirani、Martin Wainwright 著、CRC Press（2015）

在士兵拿來的資料不多或是負責推動推桿的僕人們不多的情況下，或許會有很多機會使用這個稀疏模型。

以下這本書雖然有點專業，卻是一本能充份介紹實踐稀疏模型的最佳化手法以及探討與稀疏模型相關的數理知識的好書。

● 《奠基於稀疏性質的機械學習（機械學習專業系列）》
　富岡亮太著、講談社 Scientific（2016）

若能完全理解本書，一定能成為一個能對社會做出貢獻的魔法師。

有些最佳化問題在調整推桿的過程中，必須多花點時間才能得到稀疏解。尤其常常得解決具有離散構造的最佳化問題。此時不妨參考下列的書籍。

● 《次模函數最佳化與機械學習（機械學習專業系列）》
　河原吉伸、永野清仁著、講談社 Scientific（2015）

此外，專欄也有稍微提到與稀疏模型技術有關的非負矩陣分解法。這是後續發展很值得注意的話題，也是筆者非常關注的技術。可惜目前未有日文文獻，但已有相對容易閱讀，份量也十足的英文書籍。

- 《Nonnegative Matrix and Tensor Factorizations: Applications to Exploratory Multi-way Data Analysis and Blind Source Separation》

 Andrzej Cichocki、Rafal Zdunek、AnhHuy Phan、Shun-ichi Amari 著、Willey（2009）

這本書個人也由衷推薦。

最近急速增加了許多介紹玻爾茲曼機械學習相關的雙向神經網路以及圖形模型的書籍，之所以如此，應該是隨著深度學習的發展，興起了重新檢視深度學習基礎的風潮。

因此，為了從圖形模型得到新的想法，建議大家讀讀這兩本書：

- 《圖形模型（機械學習專業系列）》

 渡邊有祐著、講談社 Scientific（2016）

- 《機率的圖形模型》

 鈴木讓、植野真臣編著、共立出版（2016）

一邊閱讀上述這些書，一邊以電腦程式代替士兵與僕人，就能得到魔鏡。請大家務必挑戰看看。不管是大人還是小孩，只要有心，人人都能成為魔法師喲！

我在撰寫本書時，也參考了許多日文文獻與英文文獻。「了解越多越覺得有趣」是我的感想。

目前正利用手邊的電腦重複實驗，打造屬於自己的魔鏡，也就能一起解決社會上的問題。

這是誰都能使用魔法的世界。

我們既身處現代，也身處機械學習所開拓的新時代喲。

結語

應該是 2015 年年底吧，Ohm 社問我：「能否幫忙寫本機械學習的入門書籍呢？」

我自己的主修是理論物理學，剛好最近將研究對象換成機械學習，所以接到這個邀請時，我真的非常訝異。在這個有許多教授與新銳年輕研究者進行相關研究的機械學習領域裡，由我來寫這個領域的相關書籍真的妥當嗎？假設真的開始執筆撰寫，真的能寫成一本值得看的書嗎？又能帶給讀者多少有用的資訊呢？老實說，當時的我真的處於天人交戰的心情。而且剛開始執筆撰寫之後，有段時間一直揮不走這個想法。

我忘不了第一次開會討論後，前往東京車站周邊書局進行市場調查的光景。到處都是機械學習的書，如此熱潮直讓我錯愕不已。在這種狀況下，我寫的書真的會有價值嗎？滿腦子的煩惱讓我在搭乘新幹線回家時，呆坐在位子上不知所措。

那時的我透過機械學習從事資料分析與新服務的開發，也從共同研究者與各方團體、業者得到許多寶貴的意見。內心深處，始終存在著「我不是機械研究專家怎麼辦」的疑慮。而且為了讓更多人看懂，我一邊學習，一邊與別人分享我所理解的事情與想法。在過程中，有句話深入我的心坎。

「經過大關先生解說，我總算明白了」

這或許只是一句客套話，但是這句話讓我知道，不管寫什麼書都可以，我寫的書也一定會有人看，也會有人在閱讀之後覺得困難而讀其他的書。這瞬間讓我明白這件事。

接著該思考的是書賣不賣得出去。書店只擺會賣的書是生意的基本常識。當然，我也希望大家讀了這本書覺得有趣而買。

因此我想以獨特的世界觀，將書寫得親切一點。「有沒有什麼題材很適合說明機械學習的呢？」我一邊與一起上班的老婆聊天，一邊想著這件事。

儘管本書的內文比想像中早完成，但其實中間歷經了三次的全文校訂。一開始撰寫的內容早已不復存在。好不容易改好，自己也覺得可行的內容，就是各位讀者眼前這個將機械學習套入「白雪公主」的形態。於是全世界沒人能寫，不對，全世界沒人想這麼寫的本書就問世了。

其實我曾試著將機械學習套用在各種童話或故事裡，但是皇后與魔鏡可隨意地開拓故事裡的世界，所以我試著透過故事裡的人物發展劇情。其他的故事雖然已束之高閣，但是若有機會，我會介紹給大家。我覺得本書特有的說明方式以及專屬我的說故事方法正是本書的賣點。

當然，這世界還有很多機械學習的研究者與專家，他們也有屬於自己的思考邏輯與表現方式。希望能讓大家覺得本書是了解這些專家學者想法的敲門磚。

機械學習入門是本書的目標也是使命。

一開始原本想帶點公式的說明，稍微深入地探討，但最後還是省略了這一切。也是因為這樣才似有若無地提到向量與陣列這類用語，本書也因此成為能退一步綜觀機械學習的入門書。除了有趣以及能自行實踐的參考文獻之外，現在網路上也有找到許多資訊。請大家務必親自實踐機械學習。

魔鏡在眼前出現的那天，一定會成為永難忘懷的一天。屆時若是重新回顧本書或許又會有新的發現與想法。

本書完成之際，山形大學安田宗樹先生幫忙確認了許多有關機械學習的基本事項，也給予很多詳盡的意見，僅藉此短短篇幅略表無盡感激之情。

感謝 sawa 插圖工作室 SAWADASAWAKO 小姐的幫忙，才能忠實呈現出書裡的世界觀，感謝她如此用心地協助。由於她的幫助，文章才得以編排完成，也才能追加插圖以及讓皇后與魔鏡的互動變得更加頻繁。書中的世界能不斷地擴張，全書也能籠罩相同的氛圍以及成為如此美好的作品，全拜 SAWADA 小姐所賜，真的非常感謝她。

至於擔任編輯的津久井靖彥先生，除了要感謝他找到我這個這麼奇怪的研究者，也感謝他帶來撰寫本書的機會。感謝他一起撰寫企劃書，不斷地在執筆之際鼓勵我。要感謝的事情數也數不盡，只能在此獻上由衷的感謝。

最後，要感謝我的最愛，也就是我的老婆，感謝她幫助我編排本書的劇情。魔鏡與皇后之間的交談幾乎就是我們夫妻倆的對話。老婆，謝謝妳。

索引

機器學習入門｜從玻爾茲曼機器學習到深度學習

作　　　者：大関真之
譯　　　者：許郁文
企劃編輯：莊吳行世
文字編輯：江雅鈴
設計裝幀：張寶莉
發　行　人：廖文良

發　行　所：碁峰資訊股份有限公司
地　　　址：台北市南港區三重路 66 號 7 樓之 6
電　　　話：(02)2788-2408
傳　　　真：(02)8192-4433
網　　　站：www.gotop.com.tw
書　　　號：ACD015500
版　　　次：2018 年 04 月初版
　　　　　　2018 年 11 月初版三刷
建議售價：NT$380

國家圖書館出版品預行編目資料

機器學習入門：從玻爾茲曼機器學習到深度學習 / 大関真之原著；許郁文譯. -- 初版. -- 臺北市：碁峰資訊，2018.04
　　面；　　公分
　　ISBN 978-986-476-777-9(平裝)
　　1.人工智慧
312.831　　　　　　　　　　　　　　　　107004241

讀者服務

- 感謝您購買碁峰圖書，如果您對本書的內容或表達上有不清楚的地方或其他建議，請至碁峰網站：「聯絡我們」\「圖書問題」留下您所購買之書籍及問題。(請註明購買書籍之書號及書名，以及問題頁數，以便能儘快為您處理)
http://www.gotop.com.tw

- 售後服務僅限書籍本身內容，若是軟、硬體問題，請您直接與軟體廠商聯絡。

- 若於購買書籍後發現有破損、缺頁、裝訂錯誤之問題，請直接將書寄回更換，並註明您的姓名、連絡電話及地址，將有專人與您連絡補寄商品。